Tabakschwärmer, Bücherwürmer und Turbo-Socken

Michael Groß

Tabakschwärmer, Bücherwürmer und Turbo-Socken

Chemische Schwärmereien aus 10 Jahren Ausgeforscht

Michael Groß
Oxford, UK

ISBN 978-3-662-59302-8 ISBN 978-3-662-59303-5 (eBook)
https://doi.org/10.1007/978-3-662-59303-5

Planung/Lektorat: Lisa Edelhäuser
Illustrationen: Roland Wengenmayr, Frankfurt am Main
Einbandabbildung: iStockphoto/duncan1890

Springer ist ein Imprint der eingetragenen Gesellschaft Springer-Verlag GmbH, DE und ist ein Teil von Springer Nature
Die Anschrift der Gesellschaft ist: Heidelberger Platz 3, 14197 Berlin, Germany

Vorwort

Wissenschaftsjournalismus ist eine sehr ernste Angelegenheit. Vom Klimawandel und Artensterben bis hin zur persönlichen Gesundheitsvorsorge des Einzelnen gibt es zahlreiche wissenschaftliche Fragen, deren Verständnis wichtig, manchmal sogar überlebenswichtig ist. In Zeiten der viralen Ausbreitung von Falschmeldungen ist die Vermittlung der wissenschaftlich belegten Wahrheit wichtiger denn je.

Wenn ich Tag für Tag die wissenschaftliche Literatur, Pressemitteilungen und Medienberichte nach wissenschaftlich Wichtigem durchsiebe, bleibt in meinem Sieb zwangsläufig immer mal wieder eine Neuigkeit hängen, die nicht ganz so ernst zu nehmen ist, oder zumindest eine lustige Seite hat, wenn man mal einen schrägen Blick darauf wirft.

Zum Glück habe ich auch für diese weniger schwerwiegenden und dafür amüsanteren Funde eine Verwendung – diese kann ich regelmäßig in meiner Glosse *Ausgeforscht* in den *Nachrichten aus der Chemie* (der Mitgliederzeitschrift der Gesellschaft Deutscher Chemiker) behandeln und dort den amüsanten Aspekt bis zur Absurdität zuspitzen. Wenn ich glaube, den Gipfel des Absurden erreicht zu haben, kommt mein treuer Cartoonist, Roland Wengenmayr, und setzt mit seiner Zeichnung noch einen drauf.

Die Glosse kam vor knapp 20 Jahren auf Anregung des damaligen Nachrichtenredakteurs Gerhard Karger zustande. Zu diesem Zeitpunkt war ich gerade dabei, meine wissenschaftliche Tätigkeit in der Proteinbiochemie an den Nagel zu hängen, deshalb entstand der Name *Ausgeforscht.* Die Glosse wurde in den letzten Jahren von den Redakteurinnen Maren Bulmahn und Eliza Leusmann kompetent weiterbetreut und erscheint derzeit in jeder Ausgabe auf der letzten Seite des Innenteils, sowie natürlich auch online in der Wiley Online Library.

Die Glossen der ersten zehn Jahre finden Sie in dem Band *9 Millionen Fahrräder am Rande des Universums: Obskures aus Forschung und Wissenschaft* versammelt (Wiley-VCH 2011). Hier kommt nun das zweite Jahrzehnt.

Es liegt in der Natur der quergedachten Sache, dass sich die Beiträge kaum in eine logische Ordnung bringen lassen. Ich habe es trotzdem versucht und sie in fünf grobe Themenbereiche eingeordnet, nämlich: Die Rolle der Chemie; Essen und Trinken; Natur und Umwelt; Fortschritt der Technik; Wissenschaft und Gesellschaft. Diese Einteilung hat zumindest den Vorteil, dass sie fünf etwa gleich lange Kapitel hervorgebracht hat. Innerhalb der einzelnen Kapitel geht es überwiegend chronologisch zu, obwohl ich gelegentlich thematisch zusammenhängende Beiträge gebündelt habe, etwa die Weltraumgeschichten am Ende des vierten Kapitels.

In manchen Fällen waren ergänzende aktuelle Informationen nötig, die ich meist in einem Nachtrag am Ende des Abschnitts untergebracht habe.

Wie ich bereits im Vorwort der ersten Sammlung angemerkt hatte, soll die Behandlung der heiteren Seite eines wissenschaftlichen Themas in keiner Weise die Bedeutung der ernsten Seite in Frage stellen. In manchen Fällen, etwa bei der Diskussion des ältesten Käses der Welt in Kap. 2, hat mich die Arbeit an der Glosse sogar dazu inspiriert, anschließend einen ausführlicheren und ernsthaften Artikel zu demselben Thema zu verfassen.

Hier stimme ich ganz mit den Verleihern der im ersten Kapitel diskutierten Ig-Nobelpreise überein – die humoristische Auseinandersetzung mit der wissenschaftlichen Materie soll die Menschen zuerst zum Lachen und dann zum Nachdenken bringen.

In diesem Sinne wünsche ich Ihnen eine vergnügliche und nachdenkliche Lektüre.

Oxford
Mai 2019

Michael Groß

Inhaltsverzeichnis

1

Chemie ist, wenn man trotzdem lacht

Irgendwie ist alles Chemie. Die Farben, die Gerüche, die angenehmen und die unangenehmen Seiten des Lebens, alles hängt irgendwie mit Chemie zusammen. Wir tendieren dazu, nur negative Dinge wie Explosionen und Vergiftungen der Chemie zuzuschreiben – deshalb will ich hier auch mal lustige, unerwartete und sogar schöne Aspekte des Lebens auf ihren Chemie-Gehalt überprüfen und umgekehrt der uralten Frage nachgehen: Was ist eigentlich Chemie?

Erst lachen, dann nachdenken: Ignoble Höhepunkte der Chemie

Der Chemie-Nobelpreis 2010 ging an Richard F. Heck, Ei-ichi Negishi und Akira Suzuki für eine Methode, die in der organisch-synthetischen Chemie nützlich ist. Ein

M. Groß, *Tabakschwärmer, Bücherwürmer und Turbo-Socken*,
https://doi.org/10.1007/978-3-662-59303-5_1

häufiger Kommentar aus Fachkreisen war der, dass diesmal (endlich mal wieder) „echte" Chemie aus einem der harten Kernbereiche des Fachs geehrt wurde. Und selbst der Physik-Preis traf mit den Graphenen eine ungewohnt Chemie-nahe Errungenschaft.

Betrachtet man hingegen als Stichprobe die Chemie-Preise der Jahre 2001–2010 im Überblick, so lassen sich fünf als „biologisch" klassifizieren, nur drei als synthetisch, und je ein Preis wurde für analytische Arbeiten bzw. für Oberflächenchemie vergeben.

Da traf es sich gut, dass in demselben Jahr zum 20. Mal die Ig-Nobelpreise vergeben wurden, die zunächst satirisch/kritisierend an den Start gingen und Arbeiten würdigten, „die nicht wiederholt werden können oder sollten", inzwischen aber etwas sanftmütiger daherkommen und proklamieren, dass die preisgekrönte Forschung zuerst Gelächter, dann aber auch Nachdenken provoziert (http://improbable.com/ig/). Wie stellt sich die Chemie im Spiegel dieser vielleicht nicht ganz so begehrten Preise dar?

Die oft exzentrischen Arbeiten, die mit dem Ig-Nobelpreis im Bereich Chemie ausgezeichnet wurden, lassen sich schwer kategorisieren, aber einige Trends zeichnen sich dennoch ab. Ig-Nobelpreisträger scheinen zum Beispiel ein ausgeprägtes Interesse für Lebensmittelchemie und -technologie zu haben, was sich darin ausdrückt, dass sie Lebensmittel auf ungewöhnliche Weise herstellen oder zu ungewöhnlichen Zwecken einsetzen.

Bereits der zweite Chemie-Ig-Nobelpreis zeichnete die Synthese von blauem Wackelpudding aus. Der sechste Preis ehrte die Erfindung eines Grillanzünders, der die Flammen bereits nach drei Sekunden lodern lässt. Im Jahr 2006 wurden zwei spanische Forscher für die Messung der

Schallgeschwindigkeit in Käse (in britischem Cheddar, um genau zu sein) ausgezeichnet. Ein Jahr später triumphierte der Japaner Mayu Yamamoto, der den Aromastoff Vanillin aus Kuhdung extrahiert hatte.

Auch in den beiden folgenden Jahren führten Lebensmitteluntersuchungen zur Ig-Nobelpreisehrung. Der Ig-Nobelpreis 2008 ging an zwei konkurrierende Teams. Das eine hatte nachgewiesen, dass Coca-Cola Spermien abtötet, das andere kam zu dem genau entgegengesetzten Schluss. Vermutlich ist noch ein Ig-Nobelpreis drin für denjenigen, der diesen mysteriösen Widerspruch auflösen kann. Und im Jahre 2008 errang eine mexikanische Arbeitsgruppe den Ig-Nobelpreis mit der Veredelung ihres Nationalgetränks. Die Forscher hatten Tequila in Diamant verwandelt.

Fast ebenso häufig befassten sich Ig-Nobelpreisträger mit Wasser. Gleich zweimal ausgezeichnet wurde der Homöopathieforscher Jacques Beneviste, nämlich im allerersten Jahr der Ig-Nobelpreise für seine Entdeckung, dass Wasser ein Gedächtnis hat, und dann sieben Jahre später für die Erkenntnis, dass es seine Information auch per Telefon und Internet weiterleiten kann. Im Jahr 2004 errang Coca-Cola in Großbritannien den Preis für die Entwicklung einer neuen Art von Wasser, das die Firma aber sicherheitshalber nicht verkaufen wollte. Die Preisträger des folgenden Jahres fanden heraus, dass Wasser nicht unbedingt das beste Medium zum Schwimmen ist, denn in zähflüssigem Sirup kommt man genauso schnell voran.

Und im Jahre 2010 ging der Preis an eine Gruppe von Forschern in Texas und Hawaii, die gezeigt hatte, dass sich Öl und Wasser doch mischen.

Ein wiederkehrendes Motiv ist auch die Untersuchung von Gerüchen. Der Ig-Nobelpreis 1995 ging an die Produzenten eines DNA-Parfüms, das keinerlei DNA enthielt und in Flaschen mit der Form einer Dreifachhelix abgefüllt wurde. Bereits 1993 wurden die Erfinder von Geruchsstreifen ausgezeichnet, die es ermöglichen, Geruchsproben von Parfüms in Zeitschriften hineinzukleben.

Lust und Liebe beschäftigten die Preisträger besonders um die Jahrtausendwende. 1999 wurde eine japanische Detektivagentur für die Entwicklung eines Sprays zur Entlarvung von untreuen Ehemännern ausgezeichnet, und im folgenden Jahr erhielten Donatella Marazziti und ihre Kollegen den Preis für ihre Entdeckung, dass die Neurochemie des Verliebtseins genauso funktioniert wie die von anderen Obsessionen (siehe dazu auch den Abschnitt „Chemie der Liebe").

Ich fürchte, ein klares Bild davon, was heutzutage unter Chemie zu verstehen ist, geben uns auch die Ig-Nobelpreise nicht. Essen und Trinken, Gerüche und Verliebtsein, es ist eigentlich alles Chemie.

Chemie der Liebe

Manche Forschungsgebiete stürmen so schnell voran, dass sie sich geradezu überschlagen. Nahezu täglich lesen wir von einem neuen „Gen für" eine Eigenschaft (Intelligenz, Faulheit, Fettsucht …), sodass die Zahl dieser berichteten Gene vermutlich bald die Zahl der im menschlichen Genom real existierenden Gene übersteigen wird.

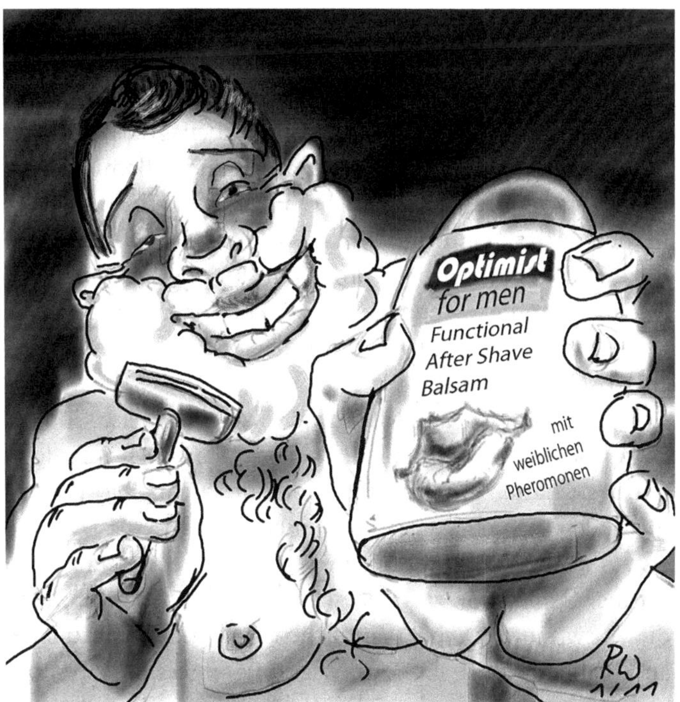

„Nur Bartträger kriegen noch Depressionen: Rasier' Dich glücklich! Optimilsan Aftershave mit weiblichen Pheromonen -24-Stunden-Wirkung garantiert!"

In anderen, nicht minder wichtigen Bereichen der Erkenntnis kommt die Forschung hingegen nur schleppend voran. So ist zum Beispiel die chemische Natur der zwischenmenschlichen Anziehungskräfte bis heute nicht geklärt, obwohl die überragende Bedeutung dieses Problems bereits im Februar 2006 in meiner *Ausgeforscht*-Glosse hervorgehoben wurde, nachzulesen in der ersten Sammlung dieser Glossen (Groß 2011).

Eine Pionierin in diesem Gebiet ist die italienische Neuropsychiaterin Donatella Marazziti, die bereits im Jahr 2000 für ihre Erkenntnis, dass Verliebtsein auf neuronaler

Ebene so ähnlich funktioniert wie andere Obsessionen, mit dem Ig-Nobelpreis ausgezeichnet wurde. Offenbar sind Forschungsgelder für die Liebesforschung nur mühsam zu ergattern, denn Marazzitis Arbeitsgruppe an der Universität Pisa produziert trotz anhaltender Bemühungen und lebhaftem Interesse vonseiten der Presse (insbesondere in den ersten beiden Februarwochen) im Durchschnitt nur eine Originalarbeit pro Jahr zur zwischenmenschlichen Chemie. (Wenn sie gerade nicht zu dem Thema Liebe forscht, befasst sie sich mit der Therapie anderer psychiatrischer Störungen.)

Bemerkenswert an Marazzitis Vorgehensweise in der Liebesforschung ist vor allem, wie unerschrocken interdisziplinär sie harte biochemische und neurochemische Analysemethoden mit eher geisteswissenschaftlichen Ansätzen wie etwa Fragebogenauswertungen verbindet. So beschreibt sie in einer Publikation zur Liebeschemie (Marazziti et al. 2010) die Auswirkungen von männlichen Achselschweißextrakten auf Frauen, wobei ihre Arbeitsgruppe einerseits Hormonreaktionen im Blut der schnüffelnden Frauen analysierte, andererseits aber auch deren „Impulsivität" (mithilfe der Impulsivitätsskala nach Barratt) zu ermitteln suchte.

Fündig wurden die italienischen ForscherInnen in beiden Analysen. Offenbar verändert der (geruchlose) Achselschweißextrakt, wenn er eine Stunde lang auf der Oberlippe der Probandinnen appliziert wird, die Affinität ihrer Serotoninrezeptoren. Serotonin (5-Hydroxy-Tryptamin) ist eigentlich ein Neurotransmitter, wird aber in den Medien oft als „Glückshormon" bezeichnet, da es die Stimmung verbessert. Der Extrakt beeinflusst auch einige der mit psychologischen Methoden ermittelten Impulsivitätsmarker. Doch wie das für diesen Effekt mutmaßlich verantwortliche Pheromon nun aussieht und welchen Rezeptor es anspricht, wissen wir immer noch nicht.

Leichter zu erforschen sind die visuellen Reize bei der Paarung, insbesondere bei Tieren, die hinreichend dumm sind, um sich von Forschern hereinlegen zu lassen. Von der Universität Bonn kommt die Nachricht, dass Buntbarschmännchen eine Vorliebe für Weibchen mit einer großen Bauchflosse haben. Nachgewiesen hat man das mit computeranimierten Fischweibchen (Nemo lässt grüßen!), die sich ausschließlich in der Flossengröße unterschieden. Diese Art der Tiertäuschung hat schon eine jahrzehntelange Tradition und geht auf den Verhaltensforscher Niko Tinbergen (1907–1988) zurück, der gerne mal mit Pinsel und Farbe die visuellen Stimuli von Tieren modifizierte, um die Auswirkungen auf das Verhalten zu beobachten.

Ungewöhnlich ist dieses neue Beispiel der sexuellen Selektion vor allem deshalb, weil hier das Männchen die Wahl trifft. Da im Allgemeinen Spermien billig und Eizellen teuer sind, ist es in den meisten Fällen andersherum.

Im Zeitalter des Onlinedatings dürfte es LiebesforscherInnen natürlich leichtfallen, das Buntbarschexperiment auf Menschen zu übertragen: Frauenprofile mit identischen Eigenschaften und manipulierter Oberweite oder Haarfarbe, wer bekommt die meisten Klicks? Marazziti und KollegInnen könnten dann die zugehörigen Hormonpegel messen.

Aber diese Spielereien lenken uns nur unnötig von dem wirklich dringenden liebeschemischen Problem ab, dass nämlich sowohl die menschlichen Pheromone als auch deren Rezeptoren noch nicht gefunden wurden. Liebe AnalytikerInnen, strengt euch mal ein bisschen an, bis zum nächsten Valentinstag will ich Ergebnisse sehen.

Warum ist eigentlich der Erlenmeyerkolben so schräg?

Diese Geschichte fängt mit dem Bildschirmhintergrund auf meinem Laptop an. Um diesen etwas heimeliger zu gestalten, hatte ich nämlich ein Photo installiert, das sechs 500-ml-Erlenmeyerkolben mit verschiedenfarbigen Lösungen zeigt. Fünf Kolben stehen mehr oder weniger im Kreis um einen zentralen Oberkolben herum, der als Zeichen seiner Besonderheit und Würde außerdem eine Glaspipette enthält. Ich als Chemiker fühle mich gleich heimisch, wenn ich vor einem derart verzierten Bildschirm sitze.

Nicht aber meine Jüngste, die wollte als Hintergrund für ihr getrenntes Benutzerkonto lieber einen niedlichen Waschbären aus dem Naturpark als „deine schrägen Dinger da" haben. Aber wie heißen die Dinger da eigentlich? Keine Ahnung, nie gehört. Ihr einfach nur einen Namen an den Kopf zu werfen, hilft natürlich auch nicht viel, der ist am nächsten Tag gleich wieder vergessen.

Also ist ein wenig Recherchieren angesagt. In den *Nachrichten aus der Chemie* wurde immerhin der hundertste Todestag des Erfinders Emil Erlenmeyer (1825–1909) mit einem Titelbild und einer halben Spalte Text gewürdigt (Remane und Girnus 2009). Aber warum er so einen schrägen Kolben erfunden hat, will mir das Heft auch nicht verraten.

Das britische Pendant *(Chemistry World)* widmete dem Erlenmeyerkolben, der merkwürdigerweise in Nordamerika als „Erlenmeyer", auf den britischen Inseln hingegen nur als *conical flask* (also kegelförmiger Kolben) bekannt ist, eine Folge in der Serie *Classic Kit.* In diesem auf eine Seite beschränkten Beitrag wird der Werdegang des Namenspatrons kurz umrissen und auch eine Jahreszahl genannt: Im Jahre 1861 habe Erlenmeyer den gleichnamigen Kolben erfunden. Leider wissen wir den genauen Tag nicht, an dem wir feiern müssten. In einem halben Absatz werden dann die Vorzüge des schrägen Kolbens haarklein aufgezählt (für alle, die noch nie einen solchen benutzt haben).

Dank der flachen Unterseite kann man Flüssigkeiten hervorragend erhitzen, etwa mithilfe des ebenfalls von Emil Erlenmeyer erfundenen Asbestnetzes und des Bunsenbrenners (det krieje mer später). Dank der schrägen Wand kann man den Inhalt hervorragend herumschwenken, ohne dass dieser gleich überschwappt. Und die Farbe der Flüssigkeit, belehrt uns *Chemistry World*, erscheint beim Erlenmeyer auch einheitlicher als bei einem Rundkolben, sodass man bei der Titration den Endpunkt besser erkennt.

Nun wissen wir also ganz genau, warum wir alle den Erlenmeyerkolben so sehr schätzen (als kippsichere Blumenvase ist er übrigens auch geeignet!), aber wie kam der alte Emil auf den Dreh mit der schrägen Wand? Die Suche geht weiter. Wikipedia und meine uralte Ausgabe von *Römpps Chemie-Lexikon* wissen es auch nicht, bieten aber beide einen Literaturhinweis auf einen biografischen Beitrag von Otto Krätz (1972).

Dort lernen wir Emil Erlenmeyer näher kennen als temperamentvollen Charakter, der gerne Havannazigarren rauchte und sich mit ätzender Kritik viele Feinde machte. Abgesehen von Glasgefäßen und Asbestnetzen ist sein bleibendes Verdienst, dass er für organische Verbindungen die Formelschreibweise einführte, die wir heute noch verwenden. Als akademischer Lehrer war er vor allem bei zahlreichen russischen Gaststudenten beliebt, darunter der auch als Komponist bekannte Alexander Borodin und Wladimir Markownikow (der mit der Markownikow-Regel). Aber auch hier kein Hinweis auf den Heureka-Moment.

Schwebte ihm die inzwischen zur identitätstiftenden Ikone der Chemie beförderte gläserne Form im Traum vor? Immerhin gehörte er derselben Generation an wie August Kekulé (1829–1896). Wollte er einen Rundkolben blasen und setzte diesen zu früh auf den Labortisch ab, sodass sich eine Seite plattdrückte? Verschüttete er Säure beim Schwenken eines Becherglases und verwünschte die weite Öffnung? Wir werden es womöglich nie erfahren.

All dies hat natürlich die Jüngste überhaupt nicht beeindruckt, ihr gefällt der Waschbär immer noch besser. Ich muss bei Gelegenheit noch mal nachprüfen, ob sie sich wenigstens gemerkt hat, wie die schrägen Kolben heißen.

Vom Bunsenbrenner zum iBrenn

Als ich im Oktober 2004 in meiner *Ausgeforscht*-Glosse über die sinnlosesten Erfindungen sinnierte, erfand Roland Wengenmayr für seinen begleitenden Cartoon etwas noch Absurderes als alles, was ich im Text erwähnt hatte (Groß 2011, S. 49). Einen – offenbar elektronischen – Bunsenbrenner, der *Light my fire* sang. Völlig verrückt, finden Sie nicht?

Nun, das dachte ich zumindest, bis mir einige Jahre später in einer Ausgabe der Zeitschrift *BIOspektrum* der folgende, offenbar direkt aus einer Pressemitteilung übernommene Text begegnete: „Der … Sicherheitsbunsenbrenner besitzt eine leicht verständliche Menüführung, die Einstelloptionen, Hinweise und Warnmeldungen können in mehr als zehn Weltsprachen im Display angezeigt werden. Der neue Bunsenbrenner besitzt zudem eine neuartige Joystick-Navigation, eine ‚Click-Stop'-Gas-/Luftregulierung und ist flexibel mit Erdgas oder Propan-/Butangas zu nutzen." *Light my fire* singt er noch nicht, aber so, wie sich diese Beschreibung anhört, kommt das bestimmt als Nächstes.

Es ist nun schon eine Weile her, dass ich zuletzt in einem Labor herumgewurstelt habe (ca. AD 2000), aber ich glaube mich deutlich zu erinnern, dass ein Bunsenbrenner zu jener Zeit durch genau drei Navigationsinstrumente gesteuert wurde: das Gasventil, das Rändelrad, das die Luftzufuhr reguliert, und den Gasanzünder, mit dem man das Ding entflammt – bevorzugt ohne Gesang, wenn einem der Laborfrieden lieb ist.

Und komischerweise habe ich bis dahin in knapp zwei Jahrzehnten Laborpraxis nie einen Joystick, ein zehnsprachiges Display, einen „Click-Stop" oder eine Menüführung an den Bunsenbrennern vermisst, die mir begegnet sind. Sie hatten auch keine GPS-Ortung, waren nicht WiFi-kompatibel und konnten sicher nicht mit dem iPad2 synchronisiert werden. Doch man konnte sie anzünden und eine wunderschöne Gasflamme erhalten, über der man dann seinen ästhetisch ebenso perfekten Erlenmeyerkolben (siehe Abschnitt „Warum ist eigentlich der Erlenmeyerkolben so schräg?") erhitzen konnte.

Aber so ist das halt mit der Innovation und der Marktwirtschaft – irgendwann sind alle Dinge erfunden, die man für eine gegebene menschliche Aktivität braucht, und alle Kunden, die sie brauchen, haben schon ein Exemplar, und damit ist die wirtschaftliche Aktivität beendet. Als Hersteller kann man gegen diesen „Burn-out" zweierlei machen: den Verfall in die Ware einprogrammieren, wie es Henry Ford in der Automobilindustrie eingeführt hat, was aber beim Bunsenbrenner wenig aussichtsreich erscheint, da die Geräte vom Design her unzerstörbar sind und programmiertes Versagen auch gefährlich werden könnte; oder aber Ersatzprodukte erfinden, welche die KundInnen nicht wirklich brauchen, und sie dann davon überzeugen, dass sie diese eben doch brauchen.

Die letztere Methode hat der schon lange vor seinem frühen Tod global vergötterte Apple-Mitbegründer Steve Jobs zu überirdischer Perfektion getrieben. Niemand wusste, dass er einen Laptop ohne Tastatur brauchte, bevor es das iPad gab, aber ganz plötzlich wollten alle so ein Ding haben. Ist ja auch ganz in Ordnung, solange ich weiterhin mit meiner Tastatur operieren darf und nicht mit Händewischen.

Die ganze Geschichte mit den Innovationen mit dem kleinen „i" und der Apotheose des Steve Jobs finde ich ja noch ganz unterhaltsam, obwohl ich selbst kein einziges iGerät besitze. Die Kehrseite der Medaille sind allerdings die zahlreichen Nachahmer und Möchtegern-Jobses. Die erfinden dann nicht den iPod, sondern verwandeln ein perfekt und manuell funktionierendes Gerät wie etwa einen Bunsenbrenner in einen iBurn, der sinnloserweise Batterien verheizt. Und ganz sicher fängt er demnächst an zu singen – spätestens, wenn die nächste, WLAN-fähige Modellreihe herauskommt.

Lego, legis, legit

Nanotechnologie funktioniert genauso, wie wenn man mit Lego spielt, meint Autor Yoon S. Lee, dessen Werk *Self-Assembly and Nanotechnology Systems* (Lee 2011) folgerichtig ein aus Lego-Teilen zusammengestöpseltes Modell einer Zellmembran als Umschlagillustration benutzt. Durch Kombination einer begrenzten Auswahl von Bausteinen mit bestimmten funktionellen Gruppen kann man eine unendliche Vielfalt von funktionellen Architekturen erzeugen. Das gilt in der Biologie ebenso wie in der Chemie und beim Lego-Spielen.

„Hallo, unser neues Rasta-Steck-Mikroskop beweist, dass die Welt aus Nanolego besteht, nicht aus Atomen!"

Kein Wunder also, dass so viele wissenschaftlich interessierte Kinder, Jugendliche und sogar Erwachsene die Lego-Forschung rasch vorantreiben. Im Januar 2012 wurde die erste Weltraumreise eines Lego-Männchens berichtet. Zwei 17-Jährige aus Toronto, Kanada, hatten einen Lego-Gagarin mitsamt kanadischer Lego-Fahne in einem Heliumballon gen Himmel geschickt und seine Reise mit vier Kameras und einem Handy lückenlos dokumentiert. Zwar riss der Funkkontakt mit dem mutigen Raumfahrer auf dem Höhepunkt der Aktion ab, doch nach Wiedereintritt in die Atmosphäre konnte dieser unbeschadet landen, und die Jugendlichen konnten ihn dank GPS-Signal bergen und mit nach Hause nehmen.

Oft sind es aber Erwachsene, die zu viel Zeit und unbegrenzte Mengen an Lego-Steinen zur Verfügung haben und sich zu großen wissenschaftlichen Bausteinaktionen inspirieren lassen. Wie zum Beispiel der Physiker Sascha Mehlhase, der den ATLAS-Detektor des Large Hadron Collider im Maßstab 1:50 nachbaute, also in etwa dem Maßstab des Lego-Männchens entsprechend, das die Jugendlichen aus Toronto in die Stratosphäre schickten. Sein Modell ist rund einen Meter lang und je einen halben Meter breit und hoch. Immerhin konnte Mehlhase zu seiner Rechtfertigung anführen, dass er im Hauptberuf – wenn er nicht gerade Lego-Steine zusammenstöpselt – als Postdoktorand am Niels-Bohr-Institut in Kopenhagen mit dem ATLAS-Detektor Forschung betreibt. Da mag das auf übersichtliche Größe reduzierte Modell vielleicht sogar nützlich sein – zur Wissenschaftsvermittlung und um neue MitarbeiterInnen schonend an die Arbeit mit dem Monstrum heranzuführen, auch wenn es Mehlhase nicht direkt helfen wird, das Higgs-Boson zu finden.

Ein deutlich größeres Eins-zu-eins-Modell aus dem Gebiet der Lego-Botanik konnten Eurostar-Reisende im Londoner Bahnhof St. Pancras zu Weihnachten 2011 bewundern: einen zehn Meter hohen Weihnachtsbaum aus Lego-Steinen, den Duncan Titmarsh von der Firma Bright Bricks entworfen hatte. (Ja, das gibt's wirklich, eine Firma, deren erwachsene Angestellte nichts anderes machen, als mit Lego zu spielen! Ich stelle mir vor, dass alle frei werdenden Stellen hart umkämpft sind.) Mit tatkräftiger Hilfe von zwei Grundschulen und einer Pfadfindertruppe brauchte Titmarsh zwei Monate, um 600.000 Lego-Steine zu dem gigantischen Schmuckstück zusammenzufügen, das mehr als tausend Christbaumkugeln an seinen 172 Ästen trug. Im neuen Jahr wurde das Plastikgewächs allerdings wieder sorgfältig in Kisten verpackt.

Zur Avantgarde der Lego-Wissenschaft zählen auch Daniel Shiu und Andrew Lipson, die bereits um die Jahrtausendwende mehrere der perspektivisch „unmöglichen" Bilder von M.C. Escher in Lego nachgebaut haben, wie etwa die Lithographie *Treppauf und Treppab* von 1960. Es lohnt sich, die Detailaufnahmen auf ihrer Website genauer zu studieren – abgesehen von der anfänglichen Verblüffung kann man daraus auch lernen, wie Eschers perspektivische Täuschungen funktionieren.

Verglichen mit diesen Fortschritten in anderen Wissensgebieten ist die Lego-Chemie noch recht rückständig. Zwar benutzen wir in der Chemie gerne das Baukastenprinzip des modularen Aufbaus komplexer Strukturen, wofür Lego oft, wie auch in dem eingangs erwähnten Nanotechnologiebuch, als Metapher herhalten muss, doch verblüffende chemische Lego-Modelle konnte ich bei meinen Recherchen nicht finden. Da hilft alles nichts, ich werde wohl meine alten Lego-Kästen hervorkramen und selbst an die Arbeit gehen müssen …

Elemente für den Hausgebrauch

Vor einigen Jahren habe ich die perfekte Ernährung entdeckt – die Weindiät (siehe Abschnitt „Na denn, prost!"). Rotwein, hochprozentige Schokolade, frisches Obst und Beeren, und schon bin ich mit allen Antioxidantien dieser Welt ausgestattet und vor jeglicher Oxidation geschützt. Der Wein bringt natürlich Ethanol mit, und der will abgebaut werden. Den Abbau erledigt die Alkoholdehydrogenase, und die braucht Zink.

Zink kann insbesondere bei Männern knapp werden, während bei Frauen eher das Eisen problematisch sein kann. Also gehe ich mal lieber auf Nummer sicher und ins Geschäft und schaue nach Zinktabletten. Ich finde eine ganze Regalwand mit Elementen, nicht nach dem Periodensystem geordnet, sondern alphabetisch. Bor, Calcium, Chrom, Eisen … – huch, das kann ja eine Weile dauern, bis ich beim Zink ankomme. Andererseits will ich jetzt auch wissen, was es sonst noch an anorganischen Köstlichkeiten gibt, und wozu sie gut sein könnten.

Calcium und Eisen sind ja klar, aber wozu brauche ich Bor? Anscheinend hilft es bei der Regulierung des Calciumhaushalts, verrät mir das Buch *Biochemie der Elemente* von Waldemar Ternes (2013). Mangelkrankheiten gibt es, aber nur selten. Borverbindungen sind auch im Wein enthalten, also bin ich mit meiner Weindiät schon auf der sicheren Seite.

Dass ich Chrom auch noch woanders als auf dem Lenker meines Fahrrads brauche, war mir bisher auch nicht bewusst. Laut Ternes sind die 35 Mikrogramm, die ich pro Tag benötige, in der normalen Ernährung enthalten. Nur wenn ich unter Diabetes oder intensiver sportlicher Betätigung leiden sollte, müsste ich Chrom einnehmen, da es in diesen Fällen verstärkt ausgeschieden wird.

Jod und Kalium leuchten mir ein, Kupfer gerade eben auch noch, obwohl Kupferenzyme in höheren Lebewesen eher selten sind. Mangan? Tschuldigung, da habe ich wohl gefehlt. Ternes verrät mir, dass dieses Übergangsmetall (außer im anorganischen Grundpraktikum) auch als Mn^{2+} in der Nahrung vorkommt. Das beruhigt mich schon mal, denn dieses Ion ist deutlich weniger giftig als das stark oxidierende Permanganat. Und oxidiert werden will ich ja nicht, deshalb trinke ich ja den Wein. Zweiwertiges Mangan ist in Grundnahrungsmitteln wie Mehl enthalten, und die durchschnittliche Aufnahme liegt deutlich über der benötigten Dosis. Das brauche ich also auch nicht zu kaufen.

Selen gibt es auch, aber wenn man es auf die Haut bekommt, produzieren die dort ansässigen Mikroben einen extrem unangenehmen Geruch – eine der eindringlichen Warnungen aus dem ersten Semester, die ein Leben lang unvergessen bleiben. Isst man zu wenig Selen, so erhöht sich das Krebsrisiko, nimmt man hingegen zu viel, so kann das zu Diabetes führen. Genauere Untersuchungen zu meinem Selenkonsum stehen noch aus.

Die Elemente Tantal bis Yttrium überspringen wir mal, und dann, ganz am Ende des Regals, kommen wir endlich zum Zink. Natürlich gibt es nicht nur eine Sorte Zinktabletten. Zur Auswahl stehen Zink plus Kupfer, Zink mit Calcium und Magnesium, mit Vitaminen und so weiter. Ich nehme mal einfach nur Zink als Chelatkomplex. Der Gedanke an den Chelatliganden, der das Metall sozusagen umarmt, gibt mir das Gefühl der Geborgenheit.

Alternativ gäbe es noch ein Multimineralprodukt mit zehn Elementen auf einmal sowie diverse Elementkombinationen und Mischungen von Elementen mit Vitaminen und/oder Aminosäuren. Insgesamt gibt es 78 verschiedene Produkte in der Kategorie Mineralstoffe. Sollte ich jemals zu Hause ein Chemie-Labor einrichten wollen, dann weiß ich schon, wo ich mit den Einkäufen anfange. Umgekehrt könnten die vielen Plastikfläschchen auch der Chemie-Ausbildung dienen – Studis im Praktikum könnten analysieren, welche Elemente wirklich darin enthalten sind.

Dann entdecke ich am Regal noch ein Schild mit dem Aufruf: „SOS: Save our Supplements!" Anscheinend ist der Kult der Mikronährstoffe – wie so viele andere angelsächsische Eigenheiten auch – von Regelungen aus Brüssel bedroht. Die EU hat schon 2002 Obergrenzen für die

Dosierung von Inhaltsstoffen in Nahrungsergänzungsmitteln erlassen, die auch in Deutschland und den meisten anderen Ländern der Union bereits gültig sind, aber nicht in Großbritannien. Zur Zeit meines Elementeeinkaufs lief gerade eine Petition an die Regierung, die EU-Regelung nicht umzusetzen, damit jeder so viele Elemente schlucken kann, wie er will.

Kobalt im Blut

Mit Dreitagebart, komplexer Arbeitsethik, unorthodoxen Umgangsformen im Patientengespräch und einem unerschöpflichen Vorrat an zynischen Bemerkungen ist Dr. Gregory House aus der nach ihm benannten Fernsehserie vielleicht nicht gerade der Mensch, den Sie sich als Hausarzt aussuchen würden. Eines müssen wir aber dem fiktionalen Mediziner, der von dem britischen Schauspieler Hugh Laurie verkörpert wird, zugutehalten: Er findet die richtige Diagnose in ungewöhnlichen Fällen. Er löst sogar Probleme, von denen die meisten praktizierenden Ärzte noch nie gehört haben.

Indem die Serie seltene Krankheitsbilder bekannt macht, kann sie sogar Patientinnen und Patienten im wirklichen Leben helfen und ihnen eine qualvolle Odyssee durch die Warteräume zahlloser Ärzte ersparen. Der Marburger Kardiologe Jürgen Schäfer erinnerte sich zum Beispiel an eine *House*-Folge, als er einen Patienten mit einem ganzen Katalog von scheinbar zusammenhanglosen Symptomen von Sodbrennen bis Herzschwäche sah. Die Diagnose von *House* traf auch für diesen Fall zu, es handelte sich um eine Kobaltvergiftung (Dahms et al. 2014).

Die Keramikhüftprothese des Patienten war zerbrochen und wurde durch ein neues Gelenk aus Kobalt und Plastik ersetzt. Zurückgebliebene Keramiksplitter schabten Kobalt von der Gelenkkugel ab, welches den Patienten vergiftete. Darauf muss man erst einmal kommen. Seit das Metallteil aus seinem Körper entfernt und durch eine neue Keramikprothese ersetzt wurde, geht es dem Patienten zusehends besser.

Überhaupt erscheint uns heute, in der Zeit der chronischen und Alterskrankheiten, die Möglichkeit solcher Vergiftungen schon fast exotisch. Im 19. Jahrhundert, als Ärzte noch routinemäßig Gifte wie Arsen und Strychnin verschrieben und ihre Patienten schon mal leicht an einer Überdosis sterben konnten, und als viele Handwerksberufe mit tagtäglichem Einatmen giftiger Dämpfe verbunden waren, lag der Gedanke noch näher. Heute kennen wir solche Vergiftungen vor allem aus fernen Ländern, wo Industriebetriebe ihren Giftmüll nicht immer sachgerecht entsorgen, wie etwa der seit 20 Jahren schwelende Rechtsstreit zwischen Amazonas-Indianern in Ecuador und der inzwischen mit Chevron fusionierten Ölfirma Texaco belegt.

Dabei kommt mit der ganzen modernen Technik vom Wearable Computer bis hin zu medizinischen und kosmetischen Implantaten vieles auf unsere Körper zu und in sie hinein, das im Falle des Materialversagens ebenso giftig werden könnte wie das kobalthaltige Hüftimplantat. Wenn uns der Große Bruder mit dem knallbunten Schriftzug erst einmal alle mit einem vollvernetzten Knopf im Ohr ausgestattet hat, dann wird dieser vielleicht auch das eine oder andere Schwermetall enthalten, das lieber nicht im Blut zirkulieren sollte.

Andererseits besteht allerdings auch die Chance, dass die nächste Generation der Kommunikationstechnologie auch die Blutanalyse als App zur Verfügung stellt. Wenn die chemische Zusammensetzung des Bluts rund um die Uhr überprüft wird, kann jede Vergiftung sofort erkannt und abgestellt werden. Und wenn wir schon mal dabei sind, können wir auf diesem Wege auch gleich das hormonelle Gleichgewicht und damit die individuelle Zufriedenheit der Menschen regulieren.

Die zeitliche Abfolge dieser Entwicklungen ist überlebenswichtig. Werden wir zuerst mit Implantaten zugepflastert, oder bekommen wir rechtzeitig den Schutz einer umfassenden Analytik? Nach der jüngsten Technikgeschichte zu schließen, wird die sinnlosere Anwendung vermutlich Vorrang erhalten, also haben wir schlechte Karten.

Wenn dann das Indium aus Ihrem Chip für die telepathische Konferenzschaltung mit der Geschäftsleitung leckt, und Sie nicht wissen, warum es Ihnen so schlecht geht, können Sie sich nur noch auf das Box-Set von *Dr. House* verlassen. Oder in Marburg am Zentrum für unerkannte Krankheiten seinen Stellvertreter in der wirklichen Welt aufsuchen.

Eiweißreiche Buchstabensuppe

Vielleicht ist Johann Sebastian Bach an dieser Geschichte schuld. Der schmuggelte bereits 1750 in den letzten Kontrapunkt seiner letzten Fuge (*Kunst der Fuge,* BWV 1080) ein Thema ein, das seinen Nachnamen enthielt, also die Notenfolge B-A-C-H. Nicht viele Komponisten (außerhalb der Bach-Familie) haben das Glück, dass ihr Familienname nur die ersten acht Buchstaben des Alphabets benutzt, aber John Cage hätte in Bachs Fußstapfen treten können. Sein Name würde sich sogar harmonisch anhören, da er sowohl den C-Dur-Akkord CEG als auch den zugehörigen Moll-Akkord ACE enthält. So viel Harmonie ist für einen bedeutenden Komponisten schon fast wieder langweilig, und soweit mir bekannt ist, hat Cage kein Gegenstück zu Bachs letzter Fuge komponiert (obwohl natürlich zahllose Stücke, darunter auch viele Kinderlieder, Kombinationen dieser Noten enthalten).

Personalisierte Melodien haben also nur einen begrenzten Einsatzbereich, aber wie sieht es eigentlich mit personalisierten Molekülen aus? Herbert C. Brown hat ja bekanntlich den subtilen Hinweis berücksichtigt, den seine Eltern in seinen Initialen codierten, und hat sich sein Leben lang mit Boranen, also Verbindungen der Elemente H, C und B beschäftigt. Ansonsten ist das Schreiben mit Molekülen aber gar nicht so einfach, da diese erstens meist nicht linear sind und zweitens viel zu oft die Buchstaben C und H enthalten.

Einen Hoffnungsschimmer bieten immerhin noch die linearen Biopolymere. Bei Nucleinsäuren herrscht Buchstabenknappheit, da wird man schnell GAGA oder landet bei Filmtiteln wie *GATTACA*. Nehmen wir noch das Uracil der RNA hinzu, dann können wir immerhin Wörter wie GAU, Tau, Tutu buchstabieren, oder englisch *cat, tag, tug, gut, cut*. Das gibt aber alles nicht viel her.

Beim Einbuchstabencode für die Aminosäuren der Proteine haben wir immerhin 20 Buchstaben im Angebot, das ist ja schon fast ein richtiges Alphabet. Die Arbeitsgruppe des im Gebiet der Evolution und Kategorisierung von Proteinen tätigen Biochemikers Andrei N. Lupas ergriff diese Gelegenheit beim Schopf und entwickelte eine Proteinstruktur, die dessen Namen enthält. Zumindest beinahe: Für das „U" musste ein V (Valin) herhalten.

Das Namensprotein wurde erfolgreich synthetisiert und kristallisiert, und die fertige Kristallstruktur verehrte die Gruppe ihrem Chef zum 50. Geburtstag, wie die Pressestelle des Max-Planck-Instituts für Entwicklungsbiologie, wo Lupas als Direktor der Abteilung Proteinevolution wirkt, stolz vermeldete.

Das unschuldige Opfer der Sequenzmanipulation war ein Transkriptionsfaktor der Hefe namens CGN4. Dieser hat eine ausgeprägte *Coiled-Coil*-Struktur, besteht also aus Helices, die ihrerseits wieder wie die Stränge eines Seils miteinander verzwirbelt sind. Diese Struktur ist relativ robust gegen Mutationen, nur in jeder siebten Position gibt es eine Aminosäure, deren Identität wichtig ist. Eine dieser essenziellen Aminosäuren war ein Asparagin (N) – da traf es sich gut, dass in der Mitte der Sequenz ANDREINLVPAS ein Asparagin steht, sodass die Forscher die Sequenz so einfügen konnten, dass das N an die richtige Stelle gelangte, wobei die sechs Buchstaben davor und die fünf dahinter wenig Schaden anrichten konnten.

Sorgen bereitete dann nur noch ein Problem, das die Proteinkundigen unter Ihnen längst bemerkt haben werden: die Gegenwart des Buchstabens P. Die Aminosäure Prolin gilt als ein Helixbrecher, da ihre Ringstruktur die für eine reguläre α-Helix erforderlichen Bindungswinkel einfach nicht zulässt. Die Kristallstruktur zeigte dann allerdings, dass selbst diese nach Lehrbuchwissen „verbotene" Aminosäure erfolgreich in die *Coiled-Coil*-Struktur eingebaut wurde.

Damit war dann alles in Butter, Herr Lupas bekam sein Geburtstagsgeschenk, und seine Arbeitsgruppe hatte sogar noch etwas über die Eingliederung von Prolinen in Helixstrukturen gelernt.

Nur für uns Normalsterbliche, die wir zum Beispiel ein O im Nachnamen tragen, bleibt keine Hoffnung, denn das kann man weder in Musik noch in Proteinsequenzen umsetzen (obwohl MICHAEL eine vollkommen legitime Aminosäuresequenz wäre, hat die schon mal jemand analysiert?).

Wir trösten uns mit dem Gedanken an die Willkür jeglicher Buchstabennomenklatur. Bachs Kunstgriff funktioniert zum Beispiel nur aufgrund der deutschen Anomalie, die Note unter dem C außerhalb der alphabetischen Logik H zu nennen. Im Englischen heißen die entsprechenden Noten B*b*ACB, und es gibt kein H. Ebenso ist die Zuteilung von Buchstaben zu Aminosäuren natürlich rein willkürlich, und unsere Namen, die sind sowieso Schall und Rauch.

Chemische Heiterkeit

Stellen Sie sich vor, es ist Karneval und keiner lacht mit. Kostüme, Büttenreden, Alkoholpegel und jetzt ein Tusch – nichts hilft mehr. Da könnte ein Narr ja auf die Idee kommen, mit der chemischen Keule nachzuhelfen, schließlich gibt es ja Lachgas (N_2O), und das heißt doch so, weil es zum Lachen verführt. Mein gutes altes Lehrbuch der anorganischen Chemie, der *Holleman-Wiberg*, verspricht: „In geringen Mengen eingeatmet, ruft es einen rauschartigen Zustand und eine krampfhafte Lachlust hervor („Lachgas“).“

„Unsere Tränengas-Tempos sind der Renner auf Beerdigungen von Chefs und Parteifreunden.“

„Krampfhaft“ hört sich vielleicht etwas abschreckend an, aber rauschartige Zustände streben ja manche Leute zu gewissen Anlässen geradezu an, habe ich mir sagen lassen. Hilft das Lachgas dabei wirklich?

Nun, auf den Straßen von London und bei einigen der Musikfestivals, die sich in Großbritannien epidemisch ausbreiten, lief im Sommer 2014 ganz inoffiziell ein Großversuch, der die Tauglichkeit von Lachgas als Partydroge ausprobierte. Zahlreiche am Rande der Legalität operierende Straßenverkäufer füllten das Gas, das man ganz legal in den Patronen für Sahnesprüher kaufen kann, in Luftballons. Wer bei der Kneipentour oder vor der Festivalbühne nicht hinreichend Heiterkeit fand, konnte für drei Pfund Sterling (damals noch um die 3,80 EUR) einen solchen Ballon erstehen und das Gas daraus inhalieren.

Das ist ein fantastisches Geschäft für die Dealer, denn eine Packung mit zehn Patronen (mit jeweils acht Gramm reinem N_2O für einen halben Liter Sahne) gibt es im Handel schon unter sechs Euro, und Luftballons sind auch nicht teuer. Eine echte Alternative für Humoristen, wenn eines Tages niemand mehr über ihre Witze lacht.

Ein unerschrockener Reporter, der den Frohsinn aus der Dose für die Tageszeitung *The Guardian* ausprobierte, berichtet, dass ihn der Inhalt einer Kartusche etwa so sehr zum Kichern brachte wie eine wirklich witzige Bemerkung. Als High sei die Drogenwirkung „kaum wahrnehmbar“ gewesen, und nach 30 Sekunden war alles vorbei.

Das ist ja offenbar nicht viel Lustgewinn fürs Geld, aber immerhin sind auch keine gefährlichen Nebenwirkungen zu befürchten. Das Gas ist sowohl für die Anästhesie als auch zum Aufschäumen von Sahne zugelassen, und mit der Menge in einer Kartusche kann man wirklich nicht viel Schaden anrichten.

Bereits im 19. Jahrhundert sollen Medizinstudenten das Gas auf ihren Parties zur Erheiterung benutzt haben, und die Verwendung von Luftballons zu diesem Zweck war auch in den 1970er-Jahren schon mal eine Modeerscheinung bei Rockkonzerten.

Selbst in Großbritannien, wo Regierungen beider politischer Lager darum wetteifern, neue Genuss- bzw. Suchtmittel möglichst schnell zu verbieten (siehe Abschnitt „Schwips ohne Kater"), hatte die Politik bis 2014 noch keine rechtliche Handhabe gegen Sahnepatronen und Luftballons gefunden. Erst 2015 wurde Lachgas im Rahmen eines generellen Verbots der bisher legalen Rauschmittel *(legal highs)* mit erfasst. Ein Gericht befand allerdings 2017, dass dieses Verbot nicht wirksam sei.

Kommunalbehörden können allenfalls gegen die Händler vorgehen, wenn das Benehmen ihrer aufgeputschten Kunden zu nächtlicher Ruhestörung führt oder die leeren Kartuschen und Ballons ein Müllproblem werden.

Andererseits, wenn die Altmetallhändler erst einmal mitbekommen, dass die weggeworfenen Patronen aus Stahl sind, werden sie wahrscheinlich mit Magneten alles abräumen. In Deutschland würde man ein solches Problem einfach mit einer Pfandregelung lösen. Es geht den Behörden aber vermutlich nicht nur um Müll und Ruhestörung. Der oben erwähnte Reporter spekulierte, dass es vor allem die Sichtbarkeit der Inhalationspraxis sei, die den Ordnungshütern gegen den Strich geht, denn ein Risiko, das ein Verbot rechtfertigen würde, lässt sich wirklich nicht erkennen.

Gefährlich wird es erst, wenn Lachsüchtige, die mit den acht Gramm in einer einzelnen Patrone nicht zufrieden sind, aufrüsten und anfangen, mit ehrgeizigeren Formaten zu experimentieren. Bei Versuchen, größere Mengen

Lachgas aus Gasflaschen zu inhalieren, sind schon einige Anhänger des Gasrauschs zu Tode gekommen. Selbst in diesen Fällen waren aber nicht die Eigenschaften des Lachgases selbst für das Verhängnis verantwortlich, sondern schlicht das Fehlen von Sauerstoff.

Also sollten die Narren von den Stahlflaschen und Inhalationsmasken lieber die Finger lassen, wenn die Karnevalsstimmung einmal abschlafft. Ein paar Ballons könnten sie ja vorsichtshalber füllen und als Notration an traurige Jecken abgeben.

Nachtrag: Im Mai 2019 vermeldete das Gesundheitssystem in Großbritannien, dass seit dem Verbot die Zahl derer, die nach (unsachgemäßer) Verwendung von Lachgas medizinische Hilfe benötigen, bedenklich zugenommen hat.

Eine Hölle mit goldenem Boden

Südafrika hat die reichhaltigsten Goldadern der Welt. Dünne goldreiche Schichten in der Gegend von Witwatersrand erstrecken sich auf Flächen von bis zu zehn mal zehn Kilometern und sind so ergiebig, dass sich auch der Abbau aus einer Tiefe von mehreren Kilometern noch lohnt.

„Am 7. August 2.997.186.278 v. Chr. experimentiert die Evolution noch mit den Ur-Amöben in den schwefligen Seen von Südafrika."

Aber wie kam das Gold dorthin, und warum reicherte es sich dort an? Bei anderen Elementen, etwa dem Eisen, können wir mit elementaren Chemie-Kenntnissen die geologischen Befunde erklären, beim Gold ist das etwas kniffliger. Es löst sich ja in kaum einem Lösungsmittel, und ohne eine Lösung, aus der ein Element ausfällt, ist die Anreicherung in einer dünnen Schicht nur schwer zu erklären.

Der Zürcher Geologe Christoph Heinrich hat für dieses alte Rätsel eine neue Lösung vorgeschlagen, die bei unsereinem sofort die Duftnote des Anorganik-Grundpraktikums heraufbeschwört (Heinrich 2015). Die Goldabscheidung habe, so Heinrichs Hypothese, vor zweieinhalb bis drei Milliarden Jahren stattgefunden, als die Atmosphäre noch aus reduzierenden Gasen bestand und keinen Sauerstoff enthielt.

Aufgrund gewisser, besonders übelriechender Magmaeruptionen habe sich Schwefelwasserstoff in der Atmosphäre angereichert. In dieser Hölle auf Erden war jeder Regentropfen eine kleine Stinkbombe, und die H_2S-Lösung wusch aus goldhaltigen Mineralien das Edelmetall aus, das sich dann in flachen Seen sammelte.

Am Boden dieser Seen, so spekuliert Heinrich weiter, schied sich dann das angereicherte Gold letztendlich ab. Dies könne entweder durch biologische Umsetzung passiert sein – vielleicht waren die urzeitlichen Bakterien scharf auf die Sulfidionen – oder auch einfach durch rein chemischen Zerfall der löslichen Goldsulfide.

Demnach verdanken wir einen Großteil des Goldes, das heute unsere Zähne, Ohrläppchen und Ringfinger ziert, einer brodelnden Hexenküche, in der wir keine Minute überleben könnten, und eventuell auch den darin gedeihenden urzeitlichen Einzellern. Oberflächlich betrachtet waren die Seen im urzeitlichen Südafrika eine Hölle, doch sie hatten einen goldenen Boden.

Wenn uns unsere entfernten Vorfahren so reich beschenkt haben, dann müssen wir uns auch fragen, was für einen Bodensatz unsere Spezies den Lebewesen hinterlässt, die mehrere Milliarden Jahre nach uns kommen werden. Mit dieser Frage befasst sich auch eine offizielle Arbeitsgruppe der International Commission for Stratigraphy (ICS), die gerade zu klären versucht, ob das Holozän zu Ende ist und ein neues Zeitalter, das Anthropozän, bereits begonnen hat.

Das hört sich nach Aufbruch und rosiger Zukunft an, aber es geht eigentlich eher um den Untergang des relativ stabilen Klimagleichgewichts, das unsere Zivilisation überhaupt ermöglicht hat. Haben menschliche Aktivitäten dieses Gleichgewicht schon so stark gestört, dass es unrettbar verloren ist und sich die Erde in eine neue Phase ihrer Entwicklung begeben hat? Viele Experten glauben daran, aber die offizielle Antwort wird erst in einigen Jahren ermittelt und beschlossen werden. Und wenn ja, wann hat das Anthropozän begonnen?

Diese Frage hat wieder mit dünnen Ablagerungen zu tun, denn nach denen werden Geologen der fernen Zukunft ja Ausschau halten müssen, wenn sie nach Spuren des Anthropozäns suchen. Jan Zalasiewicz, der die Anthropozän-Arbeitsgruppe leitet, hat sich dafür ausgesprochen, die Mitte des 20. Jahrhunderts als Beginn der neuen Epoche zu definieren. Zu diesem Zeitpunkt begann nicht nur eine enorme Beschleunigung und Globalisierung menschlicher Aktivitäten (und der von ihnen ausgelösten Flurschäden), sondern auch zahlreiche Abscheidungsprozesse, die sich in Zukunft leicht nachweisen lassen werden.

Atombombentests, die 1945 bis 1963 in großer Zahl unter freiem Himmel durchgeführt wurden, hinterließen Radionuclide. Dank dieser könnten die Geologen den Beginn des Anthropozäns genau auf den Zeitpunkt des ersten Tests am 16. Juli 1945 festlegen. Zu dem strahlenden Erbe gesellten sich dann Plastikabfälle (siehe Abschnitt „Der Duft der Sommerferien“) sowie die Isotopenfingerabdrücke unseres großzügigen Umgangs mit fossilen Brennstoffen und mit Stickstoffdünger.

Die Bakterien der höllischen Urzeit vererbten uns Gold, aber von unserer „schönen neuen Welt“ bleiben Schichten von Radioaktivität und fossilisiertem Plastik zurück. Das sollte uns zu denken geben.

Der Duft der alten Bücher

Um den Klimawandel jetzt endlich zu stoppen, müssen wir alle einen großen Batzen Kohlenstoff aus dem Verkehr ziehen. Mein bescheidener Beitrag steht in meinen Bücherregalen – mehrere Tonnen Kohlenstoff in Form von Papier und Druckerschwärze, für ewige Zeiten endgelagert, will ich zumindest hoffen.

Als Bonus kann ich auch gelegentlich meine Nase in meine Kohlenstoffendlager stecken, um sie zu lesen oder auch um nur mal hineinzuschnuppern. Wer gerne in alten Büchern stöbert, sie auf dem Flohmarkt oder im Antiquariat erwirbt oder sonst wie abstaubt, weiß meist auch den markanten Geruch der angegilbten Seiten zu würdigen.

Beschreiben können wir diesen Duft nur schwer, aber das liegt, wie ich erst vor nicht allzulanger Zeit gelernt habe (Groß 2016), vor allem an unserer kulturell bedingten Verdrängung der Geruchswahrnehmung. Naturvölker, die sich beim Jagen und Sammeln ihrer Nase bedienen, haben auch das Vokabular, um die für sie relevanten Gerüche zu beschreiben. Leider besitzen sie meist keine alten Bücher, können uns also auch nicht weiterhelfen.

Aber zum Glück kann uns die Analytik auf die Sprünge helfen. In der Duftfahne alter Bücher lassen sich mit gängigen Methoden oft mehr als hundert Substanzen, darunter der Aromastoff Vanillin sowie viele weitere Kohlenwasserstoffe, Alkohole und Aldehyde nachweisen. Darunter finden sich zum Beispiel 2-Ethylhexanol, Furfural, Hexadecan und Essigsäure.

Einige ganz clevere Geschäftsleute haben eine ähnliche Mischung sogar schon in Flaschen gefüllt und zum Verkauf angeboten. Eine Lösung für alle, die mal schnuppern wollen und gerade keine Bücher zur Hand haben, zum Beispiel weil sie sich im blinden Technikrausch ganz auf elektronisches Lesematerial umgestellt haben. Sogar Günter Grass hat seinerzeit ein paar Verse zu dem Duft geschmiedet. Die Flacons werden selbstverständlich in einem edel aufgemachten Buch mit Leineneinband verpackt, in dem unter anderem auch das Grass-Gedicht *Duftmarken* abgedruckt ist. Das Parfüm *Paper Passion* kam 2012 in den Handel – offenbar in begrenzter Auflage, denn inzwischen wird es zu Preisen angeboten, für die man schon ein ganzes Regal mit antiquarischen Büchern anlegen könnte. Einen Roman zum Thema Bücherduft gibt es natürlich auch schon (Delaflotte 2011). Den habe ich aber leider noch nicht gelesen.

Für den vom Duft der alten Schmöker berauschten Bücherwurm gibt es allerdings einen sehr ernüchternden Gedanken. Der Haken an der Sache ist ja, dass diese ganzen organischen Verbindungen ja irgendwo herkommen müssen. Sie sind Zerfallsprodukte der pflanzlichen Fasern im Papier, der Druckerschwärze und der Klebstoffe. Das Buch verliert also an Substanz, und der Kohlenstoff, der bei all diesen Zerfallsprozessen in die Gasphase entweicht, geht unserem genialen Sequestrierungsprojekt verloren. Er findet sicherlich ruckzuck seinen Weg ins CO_2 und in die Atmosphäre.

Und falls ein antiquarisches Buch wirklich sehr selten und wertvoll oder gar ein Museumsstück ist, dann machen sich seine Besitzer auch Sorgen darüber, dass sich ihre wohlbehüteten Schätze langsam aber sicher in Luft auflösen könnten. Besonders schlimm steht es ja bekanntlich um die Bücher, die etwa zwischen 1850 und 1990 hergestellt wurden und einen zu hohen Säuregehalt aufweisen. Diese beginnen oft bereits im zarten Alter von einhundert Jahren zu zerfallen.

Die Arbeitsgruppe von Matija Strlič am University College in London hat deshalb vor einigen Jahren durch

Analysen und künstlich schnell gealtertem Lesestoff ein Verfahren entwickelt, um aus den Ausdünstungen des Materials auf die Zerfallsprozesse zu schließen (Strlič et al. 2009). Dabei ist die zerstörungsfreie Analyse der Gasphase allein aus Erhaltungsgründen allen Methoden überlegen, die eine Probennahme erfordern. Aufgrund solcher Informationen können die Hüter alter Buchschätze dann ihre Klimaanlagen so regulieren, dass die Kostbarkeiten sich länger halten.

Inzwischen haben die Londoner Kulturschatzschnüffler ihre Vorgehensweise auch auf andere Materialien ausgeweitet, wie Stoffe, Leder und auch Plastik. Sobald die ersten Kindle-Lesegeräte in Museen auftauchen, kann auch deren Bewahrung für die Zukunft von den Erfolgen der Bücherduftforschung zehren. Und ich kann vielleicht auch meine alten Lego-Steine noch als Kohlenstoffendlager deklarieren.

Chemie ist Trumpf

Jonathan Sessler beschäftigt sich schon seit vielen Jahren mit der Synthese und Anwendung von Varianten der natürlichen Porphyrine. (Zu diesen Naturstoffen zählt etwa das eisenbindende Häm im Hämoglobin unserer roten Blutkörperchen.) Bekannt ist er vor allem durch seine Arbeiten über das Texaphyrin und seine Derivate, ein Porphyrin mit fünf statt nur vier Pyrrolringen (Thiabaud et al. 2014). Dieses hat, und das kam der Förderung von Sesslers Arbeit an der University of Texas in Austin schon früh zugute, eine fünfzählige Symmetrie und lässt sich somit grafisch ansprechend mit dem fünfzackigen Stern („Lone Star“) der texanischen Flagge überlagern. Und es ist größer als normale Porphyrine, was zum

Selbstverständnis des flächenmäßig zweitgrößten Bundesstaats der USA passt: *„Everything is bigger in Texas."*

Texaphyrin wurde für die Auszeichnung als offizielles Molekül des Staates Texas vorgeschlagen, verlor aber im Finale gegen einen größeren Gegner, die zuerst an der Rice University in Houston synthetisierten und mit dem Nobelpreis gekrönten Fullerene. Groß, aber nicht groß genug.

Sollte sich das Selbstverständnis des 45. US-Präsidenten auch auf die chemische Forschung auswirken, dann werden in seiner Amtszeit nicht nur die Porphyrinringe größer werden müssen. Natürlich wollen wir dem Enkel des deutschen Auswanderers Friedrich Drumpft aus Kallstadt in der Pfalz nicht unterstellen, dass er sich für Chemie interessiert, aber er interessiert sich offenbar für Geld und dessen Strömungsverhalten, und von dem ist nun einmal auch die Forschung abhängig.

Wie also könnte die Chemie aussehen, die unter der Ägide des mächtigsten Anti-Intellektuellen der Welt noch auf Staatsknete hoffen darf und womöglich Amerika wieder großartig (oder vielleicht doch nur großspurig) machen kann?

Gold, das haben wir schon gleich nach der Wahl gelernt, ist das wichtigste Element. Im Turm des neuen Herrschers sind sogar die Aufzüge vergoldet, also sollten auch Materialwissenschaftler sich auf die Vorzüge dieses Elements besinnen. Zum Glück ist es ja, einmal abgesehen von der fatalen Anziehung, die es auf die Geldgierigen ausübt, auch in der Elektronik brauchbar und bildet zum Beispiel interessante Nanopartikel. Damit lässt sich schon etwas anfangen.

Kohlenstoff mag der oberste Leugner des Klimawandels auch, besonders in brennbarer Form, etwa in Gestalt von Öl oder Kohle. Wer also dazu beitragen will, dass wir der Erde weiter einheizen, braucht sich um seine Finanzen nicht zu sorgen. Obwohl es dem Besitzer zahlreicher Immobilien in New York vielleicht irgendwann dämmern könnte, dass diese demnächst unter dem Meeresspiegel liegen.

Kreative Synthesechemie könnte dazu beitragen, dass amerikanische Moleküle noch größer und stärker sind als die Porphyrinanaloge aus Texas. Amerika muss Weltrekordmoleküle herstellen. Aber halt, weiß Mr. President eigentlich, was ein Molekül ist? Wenn er sich für drei Minuten von Twitter losreißen kann, sollte er es vielleicht einmal googeln, damit er diese ganzen fantastischen Chancen für eine großartige Chemie auch versteht, die wir hier präsentieren.

Die molekularen Bindungen müssen natürlich stark sein, damit Amerika wieder stark wird. Dieses ganze Gefasel von schwachen Wechselwirkungen und Wasserstoffbrücken, das ist doch nur politische Korrektheit. In unserer Welt gewinnen immer die Starken.

Zu den Lebewesen unseres Planeten hat der Namensvetter einer tollpatschigen Cartoonente bisher noch keine große Affinität erkennen lassen, also steht zu befürchten, dass wir ihn für Biochemie auch nicht so schnell begeistern können. Immerhin dürfte jegliche Forschung, die mit Testosteron zusammenhängt, sein Interesse finden. Auf dem Weg zurück in die 1950er-Jahre, als Männer noch echte Kerle waren, könnte vielleicht eine Art Turbotestosteron der neuen Großartigkeit nützen. Viagra braucht er hingegen nicht, sagt er zumindest, aber er wird ja auch nicht jünger, das kann ja noch kommen.

Aber was den König der Populisten letztendlich am meisten interessiert, ist die Verbreitung seines Nachnamens, der möglichst in vergoldeten Großbuchstaben überall erstrahlen soll. Alle, die zufällig mit Uridin-Monophosphat arbeiten, haben großes Glück. Die beiden fehlenden Buchstaben lassen sich leicht vorschalten, zum Beispiel als Tritium-markiertes Rhodanyl, und eine

Anwendung wird sich schon finden. Chemie ist Trumpf. Eine großartige strahlende Zukunft ist gesichert.

Jäger und Sammler

„Einst haben die Kerls auf den Bäumen gehockt …", wie Erich Kästner die *Entwicklung der Menschheit* bereits 1932 respektlos beschrieb. Als unsere Vorfahren von den Bäumen herabstiegen und durch die Savanne streiften, merkten sie, dass die anderen Tiere flinker oder stärker waren als sie, und entwickelten Jagdwaffen. Damit setzten sie sich unrechtmäßig an die Spitze der Nahrungspyramide und brachten die Evolution durcheinander.

Erkennen kann man den Kollateralschaden vor allem daran, dass es nur in Afrika noch zahlreiche Arten von Großwild gibt – diese erlebten die Entwicklung mit und lernten, die neuen Fressfeinde zu fürchten. Auf den anderen Kontinenten, welche die bereits bewaffneten Menschen rasch eroberten, verschwand hingegen der größte Teil der Megafauna. Außer Afrika bieten uns nur die Ozeane, die wir erst seit wenigen Jahrhunderten massiv entvölkern, noch einen Eindruck der Tierwelt des Pleistozäns, also der Welt vor der Erfindung der Jagdwaffen.

Evolutionsgeschichtlich dauerte die Jagdsaison etwa bis vorgestern an. Vor nicht einmal 500 Generationen lebten alle unsere Vorfahren von der Jagd und vom Sammeln wilder Pflanzen. Reichtümer konnten die Urzeitjäger auf diese Weise kaum erzeugen oder anhäufen, woraus folgt, dass die Menschen in nahezu egalitären sozialen Gruppen gelebt haben müssen. Es gab vor Einführung der Landwirtschaft einfach keine wirtschaftliche Absicherung für Aristokratie, Soldaten, Klerus oder sonstige Nichtjäger und Nichtsammler.

Infektionskrankheiten gab es auch nicht so viele wie heute, denn etliche haben wir uns mit der Landwirtschaft eingefangen, und so eine Jägerhorde ist bei Weitem nicht groß genug, damit sich ein Krankheitserreger auf Dauer etablieren kann. Andererseits gab es auch keine professionellen Kulturschaffenden oder Wissenschaftsjournalisten, das ist die Schattenseite – ein Paradies ohne Kulturbetrieb und Jobs für Intellektuelle.

Manchen stecken diese urzeitlichen Gewohnheiten und Lebensweisen noch im Blut, sie jagen, was die Vorfahren an Wild noch übriggelassen haben, und sammeln oft auch Trophäen zum Nachweis ihrer Erfolge. Wer einen größeren Hirsch abgeschossen hat, präsentiert von diesem auch gerne nur Schädel und Geweih. Und um dieses Präparat herzustellen, das habe ich gerade erst gelernt, benötigen die Jagdfreunde Wasserstoffperoxid in ziemlich happiger Konzentration, nämlich mindestens 30 %. Mit so einer aggressiven Lösung kann man schon ganz schön viel Unfug anstellen, etwa die störende Leiche im Keller in ein präsentables Skelett verwandeln.

Das Arsen-und-Spitzenhäubchen-Szenario scheint die Gesetzgeber allerdings bisher nicht schrecklich beunruhigt zu haben. Zur Gesetzesänderung führte erst die Gefahr, dass Terroristen H_2O_2 zur Herstellung des Sprengstoffs Triacetontriperoxid (TATP) benutzen könnten. Diese Möglichkeit ist die Grundlage des berüchtigten Verbots der Mitnahme von Flüssigkeiten im Flugzeug. Tatsächlich kam TATP bei den Terroranschlägen in Paris im November 2015 und in Brüssel 2016 zum Einsatz. Der Sprengstoff kann auch schon bei geringfügiger Erschütterung hochgehen, aber die mangelhafte Handhabungssicherheit stört vermutlich einen Selbstmordattentäter weniger als einen Bergbauingenieur.

Deshalb also die neue Chemikalienverbotsverordnung (ChemVerbotsV), die seit dem 27. Januar 2017 gilt.

Apotheken dürfen jetzt nur noch Wasserstoffperoxidlösungen mit einer Konzentration bis maximal 12 % an Privatpersonen abgeben. In derselben Gesetzesnovelle sind übrigens auch Übergangsregeln für vier weitere Chemikalien vorgesehen. Seit dem 31.12.2018 dürfen Sie auch nicht mehr Kaliumpermanganat, Kalium-, Ammonium- oder Natriumnitrat kaufen. Kurz, alles was Spaß macht, ist verboten.

Die Jäger werden sich dann mit Chemie-Labors oder professionellen Tierpräparatoren zusammentun müssen, um auch weiterhin ihre Zwölfender gut gebleicht präsentieren zu können. Nachdem ich einige Beiträge zu diesem Thema auf Onlineforen gelesen habe, finde ich diese Gesetzesänderung sogar beruhigend. Andererseits werden die Sprengmeister des Terrors andere Quellen für H_2O_2 oder besser geeignete Sprengstoffe finden.

Also geht alles weiter seinen Gang, und die Menschen sind, wie Kästner zusammenfassend befand, „im Grund noch immer die alten Affen.“ Nur eben, und das ist nicht nur unsere Stärke, sondern zunehmend auch unser Problem, Affen mit Waffen.

Der Duft der Sommerferien

Plastik, das haben wir in den letzten Jahren gelernt, ist inzwischen rund um unseren Planeten verteilt. Es findet sich konzentriert in den zentralen Wirbeln der Weltmeere, aber verdünnt auch am Meeresboden in Tiefseegräben und selbst an Stränden von unbewohnten Robinson-Inseln wie Henderson in der Pitcairn-Inselgruppe.

Im Sommer kommt noch mal eine zusätzliche Plastiklawine auf die Strände zu – die ganzen Bälle, Schwimmhilfen, Luftmatratzen, Schlauchboote, die der moderne Strandmensch so braucht, damit er nicht in Langeweile oder Meerwasser untergeht. All dieses Aufblaszeug aus PVC hat ja meist einen auffälligen, oft geradezu penetranten Geruch. Es riecht nach, ja die meisten würden sagen, nach aufblasbarem Strandspielzeug.

Aber welche Geruchskomponenten sind an diesem typisch sommerlichen Geruchserlebnis eigentlich beteiligt, und welche Moleküle stecken dahinter? Die Arbeitsgruppe von Andrea Büttner an der Friedrich-Alexander-Universität Erlangen-Nürnberg hat erstmals sowohl menschliche Nasen als auch das übliche Laborgerät eingesetzt, um dieses Gasgemisch ganz genau zu charakterisieren (Wiedmer et al. 2017).

Die Nasen erschnüffelten, dass alle vier untersuchten Aufblasartikel sehr intensiv rochen. Beschreibungen wie „das riecht nach Badespielzeug" wurden den Testriechern verboten – ersatzweise beschrieben sie die Gerüche mit den Duftnoten: Klebstoff, Nagellackentferner, Gummi, Mandeln/Amaretto. Auch süße und fruchtige Noten wurden entdeckt.

Die Gaschromatographie und Massenspektrometrie identifizierten die süßlichen Noten als die Lösungsmittel Cyclohexanon und Isophoron. (Ein Gegentest mit den reinen Lösungsmitteln bestätigte, dass diese denselben Geruchseindruck ergaben, den die Tester bei den Testobjekten wahrgenommen hatten.) Die Gummigeruchsnoten konnten der Anwesenheit von Phenol zugeordnet werden.

All diese Verbindungen haben nicht direkt mit der Chemie des PVC selbst zu tun. Es handelt sich entweder um Lösungsmittel aus dem Produktionsprozess oder um Weichmacher bzw. deren Zerfallsprodukte. Auch wenn der Geruch der Spielsachen vielleicht bei manchen angenehme Sommerassoziationen weckt, ist das Inhalieren der Duftfahne nicht zu empfehlen. Isophoron steht laut Büttner im Verdacht, karzinogen zu sein, aber ein Schuldnachweis steht aus, und es kommt auch natürlich in Cranberrys vor. Phenol ist akut giftig und vielleicht mutagen. Cyclohexanon ist gesundheitsschädlich bei Verschlucken, Hautkontakt und Einatmen.

Vermutlich könnten Hersteller einen Großteil dieser Gasemissionen vermeiden, indem sie die betreffenden Substanzen gleich bei der Produktion abfangen. Solange sie dazu nicht gesetzlich gezwungen werden, bleibt der Kundschaft nur die Option, ihrer Nase zu folgen und die allzu stark riechenden Produkte zu meiden.

Anders verhält es sich mit den Gasen, die oft aus älteren Kunststoffprodukten entweichen und auf den schleichenden Zerfall des Materials hinweisen. Hier ist der Verbraucherschutz nicht gefordert, aber Kuratoren in Museen benutzen Messungen der Ausgasungen zunehmend, um den Erhaltungszustand von Kunststoffobjekten aus dem 20. Jahrhundert zu begutachten.

Auf diesem Gebiet hat sich die Arbeitsgruppe von Matija Strlič am University College in London hervorgetan (siehe auch Abschnitt „Der Duft der alten Bücher"). Von dort wurde schon öfter über den schleichenden Zerfall von Plastikobjekten und die dabei entstehenden Ausgasungen berichtet. In einem 2018 publizierten Beitrag beginnt die Arbeitsgruppe eine Einordnung zu entwickeln (Curran et al. 2018). Allein die Ausgasungen sollen es demnach – ohne dass man das kostbare Altplastik überhaupt berühren muss – ermöglichen, herauszufinden, ob ein Objekt sich erst im beginnenden oder bereits im fortgeschrittenen Zerfallsprozess befindet.

So weit wird es mit den Strandspielzeugen nicht kommen – die sind nicht museumswürdig und werden vermutlich kaputtgehen, bevor der chemische Zerfall einsetzt. Oder sie treiben mit Wind und Wellen davon und landen irgendwann auf einer unbewohnten Insel, um dort völlig unbeobachtet zu zerfallen.

Literatur

Curran K, Underhill M, Grau-Bové J, Fearn T, Gibson LT, Strlič M (2018) Classifying Degraded Modern Polymeric Museum Artefacts by Their Smell. Angew Chem 130:7458–7462

Dahms K, Sharkova Y, Heitland P, Pankuweit S, Schaefer JR (2014) Cobalt intoxication diagnosed with the help of Dr House. Lancet 383:574

Delaflotte A (2011) Mathilde und der Duft der Bücher. Kindler, Reinbek

Groß M (2011) 9 Millionen Fahrräder am Rande des Universums: Obskures aus Forschung und Wissenschaft. Wiley-VCH, Weinheim

Groß M (2016) Wir können besser riechen als wir denken. Chem unserer Zeit 50:140–143

Heinrich CA (2015) Witwatersrand gold deposits formed by volcanic rain, anoxic rivers and Archaean life. Nat Geosci 8:206–209

Kästner E (1932) Gesang zwischen den Stühlen. Deutsche Verlags-Anstalt, Stuttgart

Krätz O (1972) Das Portrait: Emil Erlenmeyer 1825–1909. Chem unserer Zeit 6:52–58

Lee YS (2011) Self-Assembly and Nanotechnology Systems. Wiley-VCH, Weinheim

Marazziti D, Masala A, Baroni S et al (2010) Male axillary extracts modify the affinity of the platelet serotonin transporter and impulsiveness in women. Physiol Behav 100:-364–368

Remane H, Girnus W (2009) Meilensteine der Chemie. Nachr Chem 57:11–19

Strlič M, Thomas J, Trafela T, Cséfalvayová L, Kralj Cigić I, Kolar J, Cassar M (2009) Material degradomics: on the smell of old books. Anal Chem 81:8617–8622

Ternes W (2013) Biochemie der Elemente. Springer-Spektrum, Heidelberg

Thiabaud G, Arambula JF, Siddik ZH, Sessler JL (2014) Photoinduced Reduction of PtIV within an Anti-Proliferative PtIV – Texaphyrin Conjugate. Chem Eur J 20:8942–8947

Wiedmer C, Velasco-Schön C, Büttner A (2017) Characterization of odorants in inflatable aquatic toys and swimming learning devices – which substances are causative for the characteristic odor and potentially harmful? Anal Bioanal Chem 409:3905–3916

2

Da braut sich was zusammen: Chemie in Küchen und Weinkellern

Traditionell hat die Chemie ein inniges Verhältnis zu Fermentationsprozessen sowie zur Destillation des dabei von den Hefen erzeugten Alkohols. Diese uralten Kulturtraditionen sind uns heilig, aber hin und wieder kommt doch jemand spätabends in der Kneipe auf eine glorreiche Idee, wie man sie verbessern könnte. Wein in Pulverform, Bier in Tausenden von Geschmacksvarianten, Champagner mit noch stärker prickelnden Blasen und der Schwips ohne Kater – diese Innovationen gehören alle zu der schönen neuen Welt, die uns versprochen wird. Kaffee, Fleisch und Spinat stehen auch auf dem Speiseplan.

Na denn, prost!

Seit Ende 2011 hat unser Planet mehr als sieben Milliarden Münder mit Speis und Trank zu versorgen, und es gibt vermutlich ebenso viele Ernährungsratgeber, die

M. Groß, *Tabakschwärmer, Bücherwürmer und Turbo-Socken*,
https://doi.org/10.1007/978-3-662-59303-5_2

vorschreiben wollen, was denn in diese Münder hineinkommen sollte. Ich habe diese Abteilung des Buchmarkts immer, wenn überhaupt, nur aus einem sehr großen Sicherheitsabstand mitverfolgt, aber das lag vielleicht nur daran, dass ich unter den sieben Milliarden Diätratgebern den einen, der für mich bestimmt ist, noch nicht gefunden hatte.

Beim Stöbern in einem Oxfam-Buchladen entdeckte ich ein Buch, das sehr ansprechend aussah: *The wine diet.* Untertitel: *Drink red wine every day – Eat fruit and berries, nuts and chocolate – Enjoy a longer, healthier life* (Corder 2007). Da wurde mir schlagartig bewusst, dass dies der perfekte Ernährungsratgeber für mich war, nämlich der, der mir genau das empfiehlt, was ich sowieso schon mache, mir dafür wissenschaftlich untermauerte Begründungen liefert und obendrein noch eine Belohnung verspricht.

Die wissenschaftliche Begründung ist noch im Aufbau und beruht vor allem auf der paradox hohen Lebenserwartung von Menschen in Südeuropa. Der Autor, Roger Corder, hat versucht, dieses Phänomen weiter zu ergründen, indem er Orte und Gegenden mit auffallend vielen Hundertjährigen in Sardinien, Kreta, Südwestfrankreich und Georgien besuchte und dort nachfragte, welche Getränke die Einwohner bevorzugten. Und siehe da, sie tranken täglich Rotwein. Zurück an seiner Wirkungsstätte im Osten Londons (wo die meisten Leute keinen Rotwein trinken und auch nicht besonders alt werden) führte er auch Laboruntersuchungen zur Auswirkung der Naturstoffe aus dem Wein auf die Funktion der Epithelien durch, welche die Blutgefäße auskleiden.

Abweichend von der landläufigen Meinung, dass Resveratrol die wichtigste gesundheitsfördernde Substanz im Wein ist, kam Corder aufgrund seiner Nachforschungen zu dem Schluss, dass eine andere Gruppe von

Polyphenolen, die Procyanidine (oligomere Proanthocyanidine), für den Effekt ausschlaggebend sind. Diese sind im Rotwein in 1000 fach höherer Konzentration (bis zu 1 g/l) anzutreffen als Resveratrol, und im Gegensatz zu diesem reichen die auftretenden Konzentrationen der Procyanidine auch aus, um eine gesundheitsfördernde Wirkung von mäßigem Rotweingenuss zu erklären.

Corder vertritt auch sehr entschlossen die Ansicht, dass dieser Effekt den bekannten krebsfördernden Effekt der beim Alkoholabbau entstehenden Aldehyde überwiegt. Wobei dieses von Medizinern oft gegen die Weinliebhaber vorgebrachte Argument ja sowieso nur zieht, wenn man Rotwein und Mineralwasser vergleicht, nicht wenn man davon ausgeht, dass viele sowieso etwas Alkoholisches trinken möchten und es nur darum geht, was außer Alkohol noch im Glas enthalten ist.

Wer aber partout den Rotwein nicht trinken will, kann, darf oder sollte, für den hat Corder auch einige nichtalkoholische Tips bereit, wie man mithilfe von anderen Lebensmitteln zu seinen Procyanidinen kommen kann. Äpfel, Cranberries und Granatäpfel tragen zum Beispiel auch zur Versorgung mit diesen und anderen Polyphenolen bei. Auch dunkle Schokolade (von 70 % aufwärts) sollte Procyanidine enthalten, allerdings können diese leicht bei der Verarbeitung der damit reich gesegneten Kakaobohnen verloren gehen, sodass es auch bei guter dunkler Schokolade keine Garantie gibt. Der Procyanidingehalt sollte gemessen und in die Verpackungsinformation mit aufgenommen werden, schlägt der Autor vor. Bis das passiert, hoffe ich mal, dass die Hersteller meiner 85 % igen die natürlichen Inhaltsstoffe pfleglich behandelt haben.

Nun da mein – natürlich gemäßigter – Konsum von Wein, Äpfeln und Schokolade auf solider wissenschaftlicher Grundlage steht, bleibt nur die Frage, wie schwenke ich den Wein im Glas, damit er seine geschmackliche und gesundheitliche Wirkung am besten entfaltet? Erschreckend, dass diese Frage bis vor Kurzem noch nicht systematisch untersucht war. Martino Reclari und Kollegen haben nun endlich die Disziplin der Önodynamik begründet und genauestens untersucht, wie der Wein im Glas herumschwappt (Reclari et al. 2011). Ihre Analysen haben gezeigt, dass die Bewegungsmuster komplex sind – ist ja bei so einem anspruchsvollen Getränk auch nicht anders zu erwarten.

Na denn, prost!

Experimentierkunst in der Küche

Wir sind alle AnarchistInnen, meint zumindest der Autor Michael Brooks. Die ganze Wissenschaft wimmelt nur so von Leuten, die alle erdenklichen Regeln übertreten und sich nicht um das nach außen vertretene Ethos der wissenschaftlichen Wahrheitsfindung scheren. Nach der These, die Brooks in seinem Buch *Free Radicals – the secret anarchy of science* (Brooks 2011) in etwas überzogener Form vertritt, nützt die Anarchie dem Fortschritt, und die Wissenschaft sollte sich zu ihr bekennen, anstatt immer so langweilig und rational daherzukommen. Eine Regel befolgen aber auch die meisten der von Brooks als Zeugen aufgerufenen Wissenschaftsanarchisten: Sie bewegen sich innerhalb des jeweils vorherrschenden wissenschaftlichen Systems, und das heißt – zumindest in der Gegenwart und näheren Vergangenheit – sie führen ihre Experimente in Forschungslabors aus und publizieren sie in wissenschaftlichen Journalen.

Die wahren Anarchisten der heutigen Wissenschaft, könnte man argumentieren, sind aber diejenigen, die ihre Experimente zu Hause in der Küche oder Garage ausführen.

So wie der schwedische Physikfan Richard Handl, der im Herbst 2011 berühmt wurde, als er versuchte, eine Kernspaltung in der Küche seiner kleinen Wohnung durchzuführen. Als er auf seinem Herd Berylliumpulver und selbstleuchtende Uhrzeiger (als Radiumquelle) mit Schwefelsäure erhitzte, um daraus eine Neutronenquelle zu gewinnen, flog ihm das Gebräu um die Ohren. Nach diesem unerwarteten Versuchsergebnis erkundigte er sich vorsichtshalber bei der zuständigen Aufsichtsbehörde, ob sein geplantes Experiment überhaupt erlaubt sei, und erfuhr dann erst einmal eine Zwangsstillegung.

Inspiriert hatte Handl, der zunächst ganz harmlos mit dem Sammeln von Elementen anfing, die Geschichte des „radioaktiven Pfadfinders" David Hahn, der im US-Bundesstaat Michigan bereits Mitte der 1990er-Jahre, damals 17-jährig, versuchte, einen Kernreaktor im Gartenschuppen seiner Familie zu bauen (Silverstein 2004). Auch er wurde von den Behörden an der Erfüllung seines strahlenden Traums gehindert, aber erst, nachdem er sich selbst und seine Umgebung mit gefährlichen Dosen von Radioaktivität belastet hatte.

Darüber, dass Privatpersonen zu Hause vielleicht besser keine Kernspaltungen versuchen sollten, kann man wahrscheinlich leicht Einigkeit erzielen. Aber wie sieht es am harmloseren Ende des Spektrums aus? Victor Deeb in der Kleinstadt Marlborough in Massachusetts betrieb in seinem Keller ein kleines Labor, um eine Beschichtung für Getränkedosen zu finden, die ohne Bisphenol A auskommt. Er besaß rund 100 Gefäße mit Chemikalien, von denen aber keine als gefährlich gilt. Die Behörden, die zufällig auf ihn aufmerksam wurden, räumten seinen Keller aus und versuchten ihm einen Gesetzesbruch nachzuweisen. Da ihnen das nicht gelang, verklagten sie ihn auf die Kosten der Untersuchung.

Diese Art von harmloser Amateurwissenschaft ist derzeit – dank der flächendeckenden Ausbreitung des Internets – im Aufwind. Insbesondere die Molekularbiologie erfreut sich großer Beliebtheit bei HobbyforscherInnen, davon zeugen Blogs wie diybio.org. Da Biotech-Startups öfter mal pleitegehen, gibt es einen lebhaften Onlinemarkt für gebrauchte Laborgeräte, und wer unbedingt seine eigenen Gene oder die seiner Haustiere amplifizieren und sequenzieren möchte, kann dies problemlos tun. Lasst mir nur die Grippeviren in Ruhe, denn da kommt man sehr schnell in die Gefahrenzone, auf die die Staatsgewalt vermutlich ebenso empfindlich reagieren wird wie auf selbstgebaute Kernreaktoren.

Als ehemaliger Forscher hätte ich natürlich viel zu hohe Ansprüche an die Laborausstattung und würde nicht unbedingt in der Küche die Reaktionen mühsam von Hand ankurbeln wollen, die anderswo schon längst perfektioniert und automatisiert sind. Wenn mich die Labornostalgie wirklich einmal unwiderstehlich packen sollte, würde ich vermutlich eher etwas ästhetisch Reizvolles anvisieren und zum Beispiel Glas blasen oder Kristalle züchten. Anarchie ganz ohne Explosionsgefahr.

Spinat macht Skeptiker stark

Spinat enthält nicht viel mehr Eisen als andere grüne Gemüsesorten. Aber woher kam der Mythos vom außerordentlichen Eisenreichtum des Spinats, mit dem Generationen von Eltern ihre Kinder plagten? War ein Kommafehler oder das Trockengewicht des Grünzeugs schuld, und hat Popeye Beihilfe zur Irreführung der Kinder geleistet?

Da wir im Internetzeitalter nicht mehr alle Informationen glauben, mit denen wir überschwemmt werden, und die skeptische Demontage von urbanen Mythen heute ein Volkssport ist, wurde die Widerlegung des Eisenmythos von vielen

Spinatskeptikern aufgegriffen und emsig herumgereicht. Sie mutierte dabei zu völlig neuen Blüten und entwickelte sich selbst zu einer Gruppe von völlig unbelegbaren Mythen.

Deutsche Forscher des ausgehenden 19. Jahrhunderts, so kann man in zahllosen Quellen nachlesen, sollen – je nachdem welcher Variante man glaubt – entweder ein Komma irrtümlich verschoben oder den Eisengehalt der Trockenmasse mit dem des frischen Spinats verwechselt und damit das gemessene Ergebnis um eine Größenordnung zu groß dargestellt haben. Diesem Irrtum sei der Schöpfer der *Popeye*-Comics, Elzie Segar (1894–1938), aufgesessen und habe deshalb die wundersame Kraft seines Helden mit Spinat in Verbindung gebracht.

Eine tröstliche Geschichte und späte Befriedigung für alle, die unter dem Spinatdiktat leiden mussten, aber lässt sie sich belegen? Der Kriminologe Mike Sutton von der Nottingham Trent University wollte die Geschichte in einem Artikel verwenden und mit ordentlichen Zitaten belegen. Zu seinem Schrecken fand er jedoch heraus, dass diese nicht existierten (Sutton 2010).

Alle Wege führten zu einem nicht ganz ernst gemeinten Beitrag in der Weihnachtsausgabe des *British Medical Journal* zurück (Hamblin 1981). (Warnhinweis: Die Weihnachtsausgabe dieser Zeitschrift enthält regelmäßig Beiträge, die nicht ganz hundertprozentig wissenschaftlich ernst gemeint sind!) Dessen Autor, Terence John Hamblin, gibt keine Hinweise darauf, wo der angeblich so einflussreiche Größenordnungsfehler der deutschen Wissenschaftler dokumentiert sein sollte. Auf Nachfrage von Sutton konnte er sich nicht erinnern, wo er diese Information gefunden hatte.

Sutton fand zwar einen Größenordnungsfehler in der Spinatliteratur, aber der wurde erst in den 1930er-Jahren in den USA publiziert und bald darauf korrigiert. Er könnte allerdings der Nukleationskeim der Legende sein, die den Fehler dann ins wilhelminische Deutschland verschob.

Sutton, der als Kriminologe sozusagen Berufsskeptiker ist, entwickelte in seiner Spinatforschung, die er in seiner Freizeit betrieb, ein obsessives Interesse daran, wie und warum ausgerechnet die engagierten Skeptiker, in dem Bemühen, einen Mythos zu entlarven, selbst einer unhaltbaren Legende aufgesessen waren.

Bei seinen weiteren Nachforschungen studierte er auch die kompletten ersten Jahre der *Popeye*-Comics und fand heraus, dass dort von Eisen im Spinat überhaupt keine Rede ist. Im Juli 1932 begründet Popeye seinen Spinatkonsum mit dem Gehalt an Vitamin A. Auch die Popeye-Verbindung war also lediglich eine kreative Ausschmückung – sowohl in dem ursprünglichen Spinatmythos als auch in dem Gegenmythos der Spinatskeptiker.

Aus heutiger Sicht bleibt festzustellen, dass Spinat mehr oder weniger ähnlich gesund ist wie andere Gemüsesorten auch. Abwechslungsreich sollte die Ernährung auf jeden Fall sein. Eine obsessive Spezialisierung auf Spinat als Hauptenergiequelle nach Art von Popeye würde heute wohl niemand empfehlen.

Und im Hinblick auf Legenden und Leichtgläubigkeit kann man aus der Geschichte lernen, dass auch Skeptiker auf die Nase fallen können. Nun hoffe ich nur, dass Suttons Geschichte, die immerhin mit einer sechs Seiten langen Literaturliste belegt ist, auch wirklich stimmt. Denn ich habe die alten *Popeye*-Comics nicht zur Kontrolle nachgelesen, und den Eisengehalt im Spinat habe ich auch nicht selbst nachgemessen.

Chiralität und Reinheit des Biers

Die proto-elamitische Schrift entwickelte sich vor 5000 Jahren am Persischen Golf auf dem Gebiet des heutigen Iran und ist bisher noch nicht vollständig entschlüsselt worden. Von den Tausenden von Zeichen, die wohl vor allem zur Buchführung über Vorräte und Besitzstände dienten, kann man immerhin bereits Hunderte lesen. Rund ein Dutzend Zeichen lassen sich verschiedenen Gefäßen zur Aufbewahrung von Bier zuordnen. Schon in der Morgendämmerung der Geschichte spielte dieses Getränk offenbar eine wichtige Rolle.

„Eine ausgegrabene Festplatte aus dem 21. Jahrhundert offenbart den Archäologen des 27. Jahrhunderts mit ihren Sensorbrillen ein längst vergangenes Drama."

Umso überraschender ist es, dass die Wissenschaft anscheinend bis vor Kurzem nicht genau über die Chiralität von einigen Molekülen Bescheid wusste, die für den bitteren Geschmack eines heutigen Pilseners unabdingbar sind – obwohl die Proto-Elamiter diese Variante noch nicht kannten. Es handelt sich um die vom Hopfen abgeleiteten Humulone, die antibakterielle Wirkung besitzen und somit nicht nur dem Geschmack, sondern auch der Haltbarkeit und womöglich der gesundheitsfördernden Wirkung des Gerstensafts dienen.

Bei der absoluten Konfiguration dieser Molekülfamilie hielt man sich, mangels direkter Beweise, an indirekte Methoden wie den Cotton-Effekt und die Horeau-Methode (ist nicht schlimm wenn Sie das nicht wissen, das habe ich auch schon lange vergessen!). Werner Kaminsky und Kollegen haben hingegen erstmals direkt per Röntgenstrukturanalyse die Raumstruktur einiger Verbindungen aus dieser Familie aufgeklärt und fanden, dass die in der Literatur angenommenen, indirekt erschlossenen Händigkeiten alle falsch herum waren (Urban et al. 2013).

Diese langjährige spiegelverkehrte Berichterstattung ist nicht nur peinlich für Bier trinkende ChemikerInnen, die gerne wissen, ob sie rechts- oder linkshändige Moleküle schlürfen, sie behinderte auch die medizinische Forschung, die sich von den Hopfenwirkstoffen gerne ein paar Tricks abschauen würde. Und biomedizinische Wirkung funktioniert natürlich nur, wenn man die Chiralität richtig hinbekommt. Dieser Aspekt erklärt die Beteiligung der Firma KinDex Therapeutics an der Strukturaufklärung.

Auch Arne Skerra von der TU München hat sich ebenfalls in der Bierforschung engagiert. In einem von ihm angeleiteten Projekt zur Teilnahme an dem Wettbewerb iGEM (international Genetically Engineered Machine competition) 2012 haben StudentInnen der TU die Möglichkeit untersucht, bierfremde Stoffe wie Koffein, Limonen und Thaumatin in der Bierhefe herstellen zu lassen. Auf diese Weise könnte man, so die Überlegung, Biere mit ungeahnten Möglichkeiten kreieren, ohne das traditionelle Reinheitsgebot zu verletzen. Denn im Jahre 1516, als das Reinheitsgebot in der Bayerischen Landesordnung formuliert wurde (Originaltext im Abschnitt „Bier neu definiert"), dachte man noch nicht daran, dass man Hefen verändern könnte. Man konnte streng genommen überhaupt noch nicht an Hefen denken, denn deren Rolle beim Brauen entdeckte Louis Pasteur (1822–1895) erst mehrere Jahrhunderte später. Aber ob die BiertrinkerInnen auch schlucken, was die Münchner da verzapfen wollen?

Ein „unreines" koffeinhaltiges, bierartiges Getränk gibt es heute schon in den Szenelokalen der Berliner Piraten. Dies wird aus Mate gebraut, es darf nur nach dem Reinheitsgebot nicht „Bier" genannt werden. Braumeister Thorsten Schoppe pflückt die Matepflanzen eigenhändig im Urwald im brasilianisch-argentinischen Grenzgebiet und braut dann sein Spezialrezept ganz basisdemokratisch nach den Wünschen der Piratenkundschaft, meldet dpa.

Die Anhänger des traditionellen, nach Reinheitsgebot gebrauten Biers mögen darin einen bedrohlichen Kulturverfall sehen. Wie schnell es mit einer Kultur bergab gehen kann, sieht man an den Tontafeln der Proto-Elamiter. Nachdem sie einige Jahrhunderte lang ihre Zeichen für Bierbehälter und andere wichtige Dinge des Lebens in die Tafeln geritzt hatten, begannen sich die Fehler zu häufen. Ein Mangel an Kulturpflege, so vermutet der Oxforder Altertumsforscher Jacob Dahl, mag dazu beigetragen haben, dass die Schrift dann ausstarb (Gross 2012). Anschließend gab es in dem betroffenen Gebiet fünf Jahrhunderte lang gar keine Schriftzeugnisse mehr. Nicht einmal auf Bierdeckeln.

Vorsicht, die Fleischfälscher kommen

Wir sind nun über sieben Milliarden Menschen, die auf diesem Planeten herumwuseln, Tendenz weiterhin steigend. Und da es uns ja immer besser geht und wir dem Paradies auf Erden immer näherkommen, wollen immer mehr Menschenkinder regelmäßig Fleisch verzehren, rein prozentual gesehen. Wenn wir diesen wachsenden Prozentsatz mit der wachsenden Weltbevölkerung multiplizieren, können wir uns leicht ausrechnen, wie viele Rinder für unsere Glückseligkeit ins Gras beißen und wie viele Schweine in Salamischeiben verwandelt werden müssen. Und diese Zahlen, ebenso wie die daran gekoppelten Kollateralschäden wie die Methanemission der Rinder, wachsen noch schneller als die Weltbevölkerung. Die ganze Fleischesserei wird damit zu einem schnell anwachsenden Weltproblem.

Was können wir dagegen tun? Eine wohlmeinende Weltdiktatur könnte die Menschen zwingen, sich auf Spinat umzustellen (siehe Abschnitt „Spinat macht Skeptiker stark“), aber in der Welt der grenzenlosen Freiheit isst natürlich jeder, was er oder sie will, bzw. was im Supermarkt gerade im Sonderangebot zum halben Preis feilgeboten wird. Wir müssen den Karnivoren also ein geschmacklich und auch finanziell attraktives Angebot machen, damit sie sich freiwillig – zumindest teilweise – auf eine weniger umweltschädliche Ernährungsweise umstellen.

In Großbritannien gibt es seit mehr als zwei Jahrzehnten einen Fleischersatz namens Quorn. Streng vegetarisch aus Hefen *(Fusarium venenatum)* fermentiert, nimmt dieses Biomaterial auf wundersame Weise eine Konsistenz an, die von industriell verarbeiteten Hühnchenprodukten kaum zu unterscheiden ist und zumindest in unserem Haushalt ebenso beliebt. Auch Analogprodukte zu Hackfleisch und Würstchen sind erhältlich. Offenbar sind aber nicht alle Fleischesser mit diesem Angebot abzuspeisen, denn bisher wird Quorn wohl überwiegend an Vegetarier verkauft. Seitdem die Firma ihre Eier zu 100 % von glücklichen Hühnern legen lässt, genießt sie auch die Fürsprache der britischen Vegetarierverbände. Auf den deutschen Markt hat sich Quorn erst 2012 vorgewagt (www.quorn.de), doch die Verkaufsstellen waren zunächst noch sehr dünn gesät.

Außerdem sind mit der Quorn-Technologie nicht alle Fleischsorten so leicht zu kopieren wie Hähnchen-Nuggets. Ein Steak auf dieser Grundlage ist mir zumindest noch nicht begegnet. Dieser Mangel lässt sich vielleicht schon bald beheben – mithilfe der Stammzelltechnologie.

Mark Post von der Universität Maastricht sorgte im Sommer 2013 für einigen Medienrummel mit einem Hamburger, den er aus Laborfleisch zubereitet hatte und bei einer live im Internet übertragenen Veranstaltung verzehrte. Post geht von den Stammzellen im Muskel aus, die für die Reparatur von verletztem Muskelgewebe zuständig sind. Fett und Farbstoff mussten die Forscher noch zusetzen. Offenbar produzieren die falschen Muskeln nicht genügend Myoglobin, um eine glaubhafte Fleischfarbe zu erzeugen.

Experten glauben, dass es noch 10–20 Jahre dauern kann, bis Laborfleisch in den Handel kommt. Wenn es dann so weit ist, werden wir die Hilfe zur Entlastung unserer Umwelt vermutlich dringend brauchen. Aber wird die Kundschaft auch zugreifen? Qualität und Preis müssen natürlich stimmen, das sollte in zwei Jahrzehnten zu schaffen sein.

Dann wären da noch Imageprobleme. Vegetarierinnen dürften die neuen Produkte vermutlich verschmähen, solange sie noch von tierischen Zellen ausgehen. Steakhaus-Snobs werden die Nase rümpfen, wenn das

Laborprodukt als billiger Fleischersatz vermarktet wird. Und die Fans des biologischen Landbaus werden daran Anstoß nehmen, dass das Erzeugnis aus der Fabrik kommt.

Wenn das Laborfleisch heute in den Laden käme, könnten die Erzeuger es vielleicht als „garantiert ohne Pferdefleisch" anpreisen, aber wer weiß, was die Gemüter der Schnitzelesser im Jahre 2034 bewegen wird. Fleisch im Labor herzustellen ist vielleicht sogar das kleinere Problem. Der Kampf um die Kundschaft ist die eigentliche Herausforderung.

Echt natürlich – natürlich echt?

Wenn Sie eine Geige besitzen mit dem Aufkleber „Stradivarius fecit", dann ist die aller Wahrscheinlichkeit nach nicht echt. Natürlich ist es eine echte Geige, aber eben nicht eines der rund 1200 Instrumente, die vom berühmtesten Geigenbauer aller Zeiten gefertigt wurden. Rund 600 seiner Violinen, Celli und Bratschen existieren noch, aber sehr viel mehr tragen den berühmten Namen oder die Abkürzung „Strad" als Werbegag, ohne ernstzunehmende Fälschungsabsicht.

„Mein Gott Karoline, ich frage mich gerade, was dann in unserer Zahnpasta ist!."

Bei Streichinstrumenten lässt sich die Echtheit mit diversen wissenschaftlichen Methoden nachprüfen, von der Dendrochronologie bis zur chemischen Analyse der Lacke und Klebstoffe. Das Ashmolean Museum in Oxford kann ein Lied davon singen, denn eines der Prunkstücke seiner Sammlung, die Messias-Geige von Stradivari, war eine Zeitlang umstritten und wurde jeder erdenklichen Prüfung unterzogen. Inzwischen kennen die Experten den Lebenslauf des Baumes, aus dem sie gearbeitet wurde, wohl ebenso gut wie den des Geigenbauers selbst.

Echte Qualität ist selten und wertvoll, das gilt auch für Perlen. Natürliche Perlen, durch den Zufall des sprichwörtlichen Sandkorns entstanden, sind selten. Zuchtperlen, die planmäßig durch gezielte Verletzung der Muschel zustandekommen, sind hingegen seit rund

100 Jahren Massenware. Da ist es für Besitzerinnen alter Perlenschätze sicher eine Beruhigung, zu erfahren, dass Forscher an der ETH Zürich die Provenienz von Perlen durch Sequenzierung von DNA-Spuren ermitteln können (Meyer et al. 2013). Kombiniert mit einer ebenfalls neuen Anwendungsform der Isotopendatierung (Krzemnnicki und Hajdas 2013) ermöglicht es der Gentest, allen Perlenfälschern dieser Welt das Handwerk zu legen.

Joana Meyer und Kollegen konnten mit Miniaturbohrern existierende, nahezu unsichtbar kleine Poren in der Oberfläche der Perlen aufweiten und so pro Klunker rund zehn Milligramm Material gewinnen, das für einen genetischen Fingerabdruck ausreichte, ohne den Wert des Schmuckstücks zu mindern. Aufgrund dieser Analyse konnten sie die Perlen jeweils einer von drei Arten, nämlich *Pinctada maxima, P. margaritifera* oder *P. radiata* zuordnen.

Teamleiter Michael Krzemnicki steckt auch hinter der Altersbestimmung, die er zusammen mit Irka Hajdas vom Labor für Ionenstrahlphysik der ETH Zürich durchführte. Die Forscher berichten, dass die ^{14}C-Datierung das Alter von Perlen hinreichend genau eingrenzen kann, um seltene historische Schmuckstücke von modernen Fälschungen zu unterscheiden. Im nächsten Schritt wollen die Zürcher nun mithilfe des genetischen Fingerabdrucks die genaue geographische Herkunft einzelner Perlen ermitteln.

Ich selbst habe für Perlen allerdings keine Verwendung, und alle meine Besitztümer, die wie Perlmutt aussehen, sind vermutlich echt Plastik. Deshalb kann ich den Wettstreit zwischen Fälschern und Echtheitsprüfern ganz gelassen sehen. Auch Diamantenfälscher können mich nicht erschrecken. Ist ja eh nur Kohlenstoff.

Von Diskussionen über Echtheit und Fälschung sind aber auch wichtigere Kulturgüter betroffen, wie etwa Schokolade. Die sollte ja normalerweise aus echt natürlichen

Zutaten hergestellt werden, insbesondere wenn der Hersteller dieses auf der Packung behauptet. Die Stiftung Warentest stritt sich gerichtlich mit Herstellern, in deren Produkten die Tester echt unnatürliche Stoffe gefunden haben wollen. Konkret geht es um den Duftstoff Piperonal, der zwar einen Blütenduft ausströmt, aber synthetisch hergestellt wird. Die Verbindung ist mit dem Vanillin verwandt und zur Verwendung in Lebensmitteln wie Schokolade zugelassen. Aber wer sie verwendet, sollte lieber nicht behaupten, dass er nur natürliche Aromastoffe einsetzt.

Auch schriftstellerische Erzeugnisse sind ja gelegentlich von Echtheitsdiskussionen betroffen. Alle paar Jahre geht wieder eine neue Diskussion los, wer denn eigentlich Shakespeares Werke geschrieben hat. Da können Sie bei *Ausgeforscht* ganz beruhigt sein. Diese Glossen sind garantiert echt. Natürlich.

Pulverisierte Schnapsidee

Lassen sich alkoholische Getränke ebenso wie Kaffee in ein konzentriertes Pulver verwandeln? Eine Firma in den USA verkündete im Jahre 2015, sie wolle ein Instantprodukt zur Herstellung von Mixgetränken auf den Markt bringen, das zu 58 Gewichtsprozent aus Ethanol besteht. Der nach einem geheimen, zum Patent angemeldeten Rezept an ein Pulver adsorbierte Alkohol soll „Palcohol“ heißen und sorgte bereits vorab für große Aufregung, als eine vorläufige Version der Firmenwebsite mit unausgegorenen Formulierungen zu viraler Aufmerksamkeit kam.

Altenpfleger Silvio B. ist besonders bei den Damen sehr beliebt

Wie kommt man auf eine solche Schnapsidee? Nun, nach Auskunft der inzwischen bereinigten Website ist der Firmengründer Mark Phillips ein sportlicher Typ, der gerne zum Bergsteigen geht oder auch mit dem Fahrrad oder Kanu loszieht. Nach einem langen Tag mit sportlichen Aktivitäten, dachte sich Phillips, würde er gerne mal ein Getränk für Erwachsene schlürfen, ohne deshalb Flaschen durch die Landschaft schleppen zu müssen.

Also ersann er Cocktails und andere alkoholische Getränke in Trockenform, zu denen er abends am Lagerfeuer nur noch Wasser hinzufügen musste. Schon diese Erklärung ist nur halb logisch – wenn es am Zielort kein Trinkwasser zum Mischen gibt, muss er den Wasseranteil seines alkoholischen Getränks immer noch selbst den Berg hinaufschleppen und hat somit nichts gespart. Dass ähnliche Produkte unter Extremreisenden bereits im Umlauf sind, aber in Onlineforen als nahezu ungenießbar beschrieben werden, scheint ihm auch nicht aufgefallen zu sein. Aber vielleicht war es ja der Höhenrausch, der zu dieser vielleicht nicht ganz genialen Eingebung führte.

Andererseits gibt es natürlich viele Zielorte, wo an Wasser oder nichtalkoholischen Getränken zum Rehydratisieren des Pulvers kein Mangel besteht. Teenager könnten zum Beispiel mit dieser neuen Art von Brausetütchen eine Party mit Alkoholverbot ganz unauffällig in ein fröhliches Gelage verwandeln. Aus der Cola wird Cuba Libre, ohne dass die Aufsicht etwas merkt. Die Anwendungsmöglichkeiten sind schier grenzenlos – und die meisten haben sehr wenig mit Bergsteigen zu tun.

Ein weiterer Aspekt, der für Aufregung sorgte – insbesondere, da die Firmenwebsite ihn vor der Bereinigung in eher flapsigem Stil ansprach – ist die Möglichkeit, das Pulver zu schnupfen, was zu einem gefährlichen Turborausch führen könnte. Die Firma behauptet jetzt, das Volumen des Produkts so weit erhöht zu haben, dass gefährliche Mengen nicht mehr in eine normale Nase hineinpassen würden. Da sind wir noch einmal knapp einer neuen Drogenkrise entkommen.

A propos Drogen, vielleicht sollte sich Phillips mit dem britischen Neurobiologen und Drogenexperten David Nutt zusammentun, denn der will eine Alkoholalternative entwickeln, deren Rausch innerhalb von Minuten rückgängig gemacht werden kann (siehe Abschnitt „Schwips ohne Kater“). Wenn wir schon mit Pulvern herumpanschen, statt traditionelle Weinflaschen zu entkorken oder Cocktails zu schütteln, dann können wir ja auch den Rausch von Grund auf neu gestalten.

Allzugroße Angst vor einer alkoholisch pulverisierten Weltrevolution brauchen wir vermutlich nicht zu haben. Die Aussicht, dass Phillips’ beschwipste Brause wirklich demnächst im Supermarkt auftaucht, dürfte eher gering sein. (Zumindest bis April 2019 blieb die kommerzielle Einführung in den USA und anderswo aus.) Aber wenn so eine Idee erst einmal in Umlauf ist und weithin Aufmerksamkeit gefunden hat, dann ist es schwer, die Zahnpasta wieder in die Tube zurückzubringen. Vorschläge, wie sich einschlägig Interessierte ihren pulverisierten Schnaps selbst herstellen können, kursieren bereits im Internet. Maltodextrinprodukte, welche die erforderlichen Adsorptionseigenschaften aufweisen, sind leicht erhältlich.

Für die Chemie-Didaktik ergibt sich hier ein echter Interessenskonflikt. Einerseits wäre das Projekt „Wir produzieren pulverisierte Cocktails“ ein Garant für die Aufmerksamkeit der Klasse, wie schon der Destillationsunterricht in der *Feuerzangenbowle.* Andererseits wäre es aber auch eine garantierte Schnapsidee.

Neues aus der Kaffeeforschung

Die Zahl der wissenschaftlichen Zeitschriften verdoppelt sich bekanntlich seit Newtons Zeiten alle 17 Jahre, da kann die Zahl der bekannten chemischen Verbindungen bestimmt nicht mithalten, also wird es irgendwann mehr Zeitschriften als Molekülsorten geben, wenn meine Serviettenextrapolation stimmt. Und dann sollte auch jedes Molekül seine eigene Zeitschrift haben.

Eine Pionierleistung in diesem Gebiet hat der Kaffeekranz der Koffeinforscher erbracht – es gibt bereits seit 2011 das *Journal of Caffeine Research* (http://online.liebertpub.com/loi/JCR). Das Blatt erscheint viermal im Jahr, komplett mit Peer-Review, international, multidisziplinär, wie sich das gehört. Der Umfang des ersten Jahrgangs betrug immerhin 225 Seiten, da hat man schon für einige Kaffeepausen was zu lesen. Leider ist der Jahresumfang inzwischen auf 143 Seiten (2014) geschrumpft.

An mangelndem Medieninteresse kann das nicht gelegen haben, denn der Chefredakteur prahlt in einem Geleitwort damit, dass die Pressemitteilungen stets auf gute Resonanz in der Presse gestoßen seien. Das ist nicht weiter verwunderlich, denn Kaffee geht immer, damit kann jedes Publikum etwas anfangen. Und die koffeinhaltigen Energy-Drinks sind auch ein ganz heißes Thema. Aber vielleicht wird einfach nicht genügend Koffeinforschung geliefert, um für konstant prallen Jahrgangsumfang zu sorgen.

Dieser Eindruck entsteht, wenn ich die Artikel der letzten Ausgaben unter die Lupe nehme. Im Dezember 2014 wurde über die physiologische Wirkung von Koffein mit und ohne Zucker berichtet, und das Paper wurde auch mit einer Pressemeldung beworben. In einer Untersuchung, die bequem in der letzten Biologiestunde vor den Schulferien durchgeführt werden könnte, maßen die Forscher den Pulsschlag von einem runden Dutzend Probanden, die nach eigener Auskunft einen Tag gefastet hatten, nach einer wohldosierten Gabe von Zucker, Koffein oder einer Kombination von beidem (Rush et al. 2014).

Koffein verlangsamte den Herzschlag oder ließ ihn unverändert. Zucker beschleunigte ihn oder ließ ihn unverändert. Und die Kombination? Nun, bei fünf Versuchspersonen schlug das Herz langsamer, bei einer schneller, und bei den übrigen sechs blieb der Puls konstant. Warum die Versuchspersonen auf die Kombinationsgabe unterschiedlich reagierten, konnten die Autoren leider nicht klären. Nichts Genaues weiß man nicht, und weitere Untersuchungen sind erforderlich.

Ein anderer Beitrag im selben Heft hat immerhin ein konkretes Ergebnis zu vermelden. Wenn Kokain den Monatszyklus von Frauen durcheinanderbringt, dann kann Koffein diese unerwünschte Nebenwirkung der Droge blockieren (Broderick und Malawe 2014). Warum wollen wir das wissen? Nun, offenbar gibt es Geschlechtsunterschiede bei der Anfälligkeit für Kokainsucht, und die hängen mit den Hormonen und ergo mit dem Zyklus zusammen. Und vieleicht kann ja das braune Pulver die suchtgefährdeten Frauen davor schützen, dass sie zum sehr viel teureren weißen Pulver greifen. Vielleicht auch nicht. Auch hier ist noch weitere Forschung erforderlich.

Trotz aller Begeisterung für das Molekül, das unser Herz vielleicht schneller oder langsamer schlägen lässt und Frauen eventuell vor der Kokainsucht schützt, kann ich der Zeitschrift nicht vorwerfen, dass sie einseitig für den Muntermacher Werbung macht. Im Gegenteil, die Kommentare im Heft werfen der Aufsichtsbehörde FDA (Food and Drugs Administration) in den USA vor, dass sie die Risiken des Koffeins (Abhängigkeit, geringfügige Erhöhung des Blutdrucks sowie bei werdenden Müttern Verminderung des Geburtsgewichts des Neugeborenen) unter den Teppich gekehrt habe. Ein anderer Beitrag fordert strikte Kennzeichnungspflicht für Lebensmittel, denen künstlich Koffein zugesetzt wird, wie etwa die erwähnten Energy-Drinks.

Vom Verbraucherschutz bis zur Suchtforschung, von der Naturstoffchemie bis zur Neurobiochemie gibt es schon ein breites und interessantes Themenspektrum, das sich mit dem Koffeinmolekül verknüpfen lässt. Wenn die präsentierten Ergebnisse nicht immer das Aroma der besten Bohne verströmen, liegt das vielleicht daran, dass die erforderliche interdisziplinäre Forschung noch nicht so recht in Schwung gekommen ist. Gemessen daran, wie viele Forschungstreibende regelmäßig Kaffee trinken, gibt es offenbar nur wenige, die ihr Getränk und dessen Wirkung auch wissenschaftlich analysieren.

Um ihre Aufmerksamkeit konkurrieren dabei natürlich auch andere Genussmittel. Es gibt wahrscheinlich etliche Journale, die dem Ethanol gewidmet sind, eines davon heißt *Cerevisia,* nach dem lateinischen Wort für Bier. Aber dem wenden wir uns ein andermal zu.

Nachtrag: Gerade noch rechtzeitig für dieses Buch ereilte mich im April 2019 die Nachricht, dass Koffein die Stabilität und Energieeffizienz von Solarzellen aus Perowskiten verbessert. Eine Idee, die als Scherz in die Kaffeerunde geworfen wurde, erwies sich als vielversprechender Ansatz zur Produktion länger haltbarer Solarzellen dieser Bauart (Wang et al. 2019). Bei der Aufarbeitung des Themas für eine neue Glosse fand ich dann heraus, dass das Koffeinjournal, das zuletzt 2017 mit einem Umfang von 157 Seiten erschienen war, inzwischen mit einem anderen Molekül verdünnt als *Journal of Caffeine and Adenosine Research* wiederbelebt wurde.

Jetzt wird's brenzlig

Eine Schwalbe macht noch keinen Sommer, aber wenn aus den Gärten der Nachbarn der Duft von Grillanzündern und verkohlten Würstchen herüberzieht, dann kann die warme Jahreszeit nicht mehr weit entfernt sein.

Das Grillgut meiner Kindheit wurde meist mit der Tiegelzange aus dem Labor gewendet und das Feuer mit Ethanol aus der PE-Spritzflasche angefacht. Deshalb war es mir von vornherein bewusst, dass das Grillen lediglich einen Ableger der Chemie darstellt, bei dem die Holzkohle den

Bunsenbrenner ersetzt und das Reaktionsprodukt am Ende verspeist werden kann, sofern es noch nicht völlig verkohlt ist. Grillen ist die Fortsetzung der Chemie mit anderen Mitteln, wie der Herr Clausewitz beinahe gesagt hätte.

Da anderen womöglich die Bedeutung der Chemie für das Leben im Allgemeinen und ganz besonders für das Grillen noch nicht so ganz bewusst ist, helfen chemische Gesellschaften gerne der Allgemeinbildung ein wenig nach. Zur Grillsaison 2015 veröffentlichte die American Chemical Society ein Video zur Chemie des Grillens und schlug zeitgleich auch mit einer Infografik in ihrer Zeitschrift *Chemical & Engineering News* zu.

Das rauchige Geschmackserlebnis, welches das Grillfleisch von der banal in der Pfanne gebrutzelten Konkurrenz abhebt, so erfahren wir, geht auf phenolische Komponenten hervor, die beim Verbrennen der Holzkohle entstehen, etwa Syringol (2,6-Dimethoxyphenol), das vor allem den Geruch prägt, und Guajacol (2-Methoxyphenol) für den eigentlichen Geschmack. Dass wir diesen Geschmack ganz besonders goutieren, lässt sich vermutlich evolutionsbiologisch leicht erklären – nachdem unsere Vorfahren von den Bäumen geklettert waren und gelernt hatten, Feuer zu machen, ermöglichte ihnen das Grillen die Verwertung zusätzlicher Proteinkomponenten, was für das energiehungrige Gehirn des immer weiser werdenden *Homo sapiens* wichtig war.

Geschmacksbildend beim Grillen – ebenso wie bei jeder anderen Nahrungszubereitung bei hohen Temperaturen – ist natürlich auch die Maillard-Reaktion, die auf vielfältigen Wegen Zucker und Aminosäuren aus dem Grillgut zu einem breiten Spektrum von komplexen Geschmackstoffen umsetzt.

Das ACS-Video belehrt uns außerdem noch darüber, dass die rote Farbe des Steaks von dem Sauerstoff bindenden Muskelfarbstoff Myoglobin ausgeht – aber wenn Sie einschlägige Sachbücher lesen, wussten Sie das vermutlich schon lange. Auch wenn die volkstümlich-unwissenschaftliche Ausdrucksweise „das Fleisch ist noch blutig" partout nicht auszurotten ist. Blut enthält zwar mit dem Hämoglobin ein nahe verwandtes Pigment, aber es würde selbstverständlich beim Kontakt mit der Luft gerinnen.

Risiken und Nebenwirkungen müssen natürlich auch zur Sprache kommen. Fett, das aus dem Grillfleisch auf die glühenden Kohlen tropft, kann zur Bildung von polyaromatischen Kohlenwasserstoffen führen, die dann wieder verdampfen und von dem Fleisch resorbiert werden können. Unter diesen Substanzen gibt es auch krebserregende Substanzen, die der Grillerei in gesundheitsbewussten Kreisen einen schlechten Ruf eingebracht haben.

Heterozyklische Amine können ebenfalls krebserregend sein, und diese Substanzklasse entsteht vor allem dann, wenn man beim Grillen nicht aufpasst und das Essen verkohlen lässt. Erhöhte Wachsamkeit wäre hilfreich, würde aber dem ganzen Geist der entspannten Sommer-, Feierabends- oder Wochenendstimmung zuwiderlaufen.

Erstaunlich wirksam gegen die Brutzel-Amine ist aber auch, wenn man das Grillgut vor der Feuertaufe mariniert – gerne auch in bier- oder weinhaltigen Tunken. Welche Mechanismen hier am Werke sind, hat die Grill-Chemie noch nicht endgültig geklärt. Vielleicht liegt es nur daran, dass das Feuchthalten der Ware vor Überhitzung schützt. Vielleicht verbergen sich auch interessantere Vorgänge, die mit den magischen Fähigkeiten von Bier und Wein zusammenhängen.

Mit der wichtigen Frage, mit welchem Bier wir unsere Grilladen befeuchten sollten, befassen wir uns gleich anschließend.

Bier neu definiert

Im vorigen Abschnitt haben wir gelernt, dass Gegrilltes etwas weniger ungesund ist, wenn wir es in Bier marinieren, und die meisten Barbecue-Fans werden sicher auch ein solches dazu trinken, wenn die Marinade ihren Dienst getan hat. Aber welches Bier ist das richtige? Und was zählt eigentlich heutzutage als Bier?

„Seit ich meinen Rasen regelmäßig mit einem Fass Knallerbräu sprenge, ist das Unkraut weg – und ich hab' immer Frischgezapftes dabei, Prost!"

Das berühmte Reinheitsgebot, das 2016 bereits seinen 500. Geburtstag feierte, gibt nur die allergröbsten Anweisungen. Herzog Wilhelm IV von Bayern dekretierte anno 1516:

> „Wir wöllen auch sonderlichen
> das füran allenthalben in unsern Stetten
> Märckthen
> unnd auf dem Lannde
> zu kainem Pier
> merer Stückh
> dann allain Gersten
> Hopffen
> und Wasser
> genommen und gepraucht sölle werden."

Ob dies nun das erste Verbraucherschutzgesetz war und viele Generationen von Biertrinkerinnen und Biertrinkern vor Zucker, Salz oder künstlichen Aromen in ihrem Getränk schützte, oder ob es heute eher der Verbrauchertäuschung dient, wie der *Spiegel* zum runden Jubiläum anklingen ließ, das ist ein Thema, das sich am Biertisch trefflich diskutieren lässt.

Wilhelm IV. wollte vermutlich nur erreichen, dass der Weizen den Bäckern zum Brotbacken vorbehalten blieb. Und von Hefe wusste er noch gar nichts – doch ohne die gibt's kein Bier. Ausnahmen von der Regel reicherten sich über die fünf Jahrhunderte an, sodass die Gesetzeslage heute sehr viel unübersichtlicher ist, als die knappe Formulierung des Urtexts vermuten lässt. Und der Begriff „Reinheitsgebot" kam sowieso erst ab 1918 in Umlauf – eine geschickte Prägung des bayerischen Landtagsabgeordneten Hans Rauch, kurz bevor der Schaumwein aus der Champagne – im Versailler Vertrag – zu seiner geschützten Herkunftsbezeichnung kam. Meilensteine in der Geschichte der kohlensäurehaltigen Getränke.

Nach EU-Richtlinien dürfen in Resteuropa rund ein Dutzend E-Nummern dem Bier hinzugefügt werden, und dieses darf auch in deutschen Kneipen gezapft werden. Wer allerdings hierzulande braut, darf diese nicht verwenden. Verunreinigungen, die dennoch im Bier landen, sind meist unbeabsichtigt, wie etwa das Pflanzenschutzmittel Glyphosat oder auch Rückstände von Kunststoffpartikeln, die zur Schönung eingesetzt werden dürfen. Sie sollten theoretisch alle herausgefiltert werden, deshalb stehen sie nicht auf dem Etikett.

Ob das Reinheitsgebot noch ein halbes Jahrtausend überleben wird, ist eher unsicher. Der Ansturm der ursprünglich in den USA zur Mode gewordenen *craft*-Biere aus handwerklich orientierten Kleinbrauereien ist anscheinend unaufhaltsam und definiert den Begriff Bier, 500 Jahre nach dem Reinheitsgebot, wieder neu.

Der Aufstand der Kraftbrauer richtet sich gegen die Vereinheitlichung der Massenware Bier, die nach dem Verlust traditioneller lokaler Brauereien eintrat. Einige wenige Großbrauereien, von denen einige zu noch größeren internationalen Konzernen gehören, hatten die Bierversorgung unter sich aufgeteilt. Aber jetzt sprießen Kraft-Kleinbrauereien mit exotischen Namen überall aus dem Boden. Europaweit soll es schon mehr als 5000 solche Kleinbetriebe geben.

Sie alle setzen auf Individualität, darauf dass ihr Produkt eben nicht so schmeckt wie das Bier, das es in jedem Supermarkt gibt. Drehen können sie vor allem an der Qualität und Menge des eingesetzten Hopfens. Wo die Großbrauereien nach der Devise „bitter und billig" einkaufen, legen die Kraftbrauer Wert auf Herkunft und Varianten, fast wie beim Wein. Es soll sogar schon eine Ausbildung zum Bier-Sommelier geben.

Wenn der Trend anhält und die Nachfrage nach unterschiedlich schmeckenden Bieren sich verstärkt, könnte dies auch den Gegnern des Reinheitsgebots helfen, und es werden vielleicht doch noch mehr Zutaten zugelassen.

Das alles hilft mir als Verbraucher und Gelegenheitsbiertrinker allerdings nicht bei der schwierigen Kaufentscheidung – mehr Vielfalt bringt auch mehr Kopfzerbrechen und zusätzliche Möglichkeiten, sich falsch zu entscheiden. Im englischen Pub nehme ich im Zweifelsfall die einzige Pilssorte, damit ich nicht zwischen zehn Sorten Ale mit nichtssagenden Fantasienamen wählen muss. Im Land des Reinheitsgebots bleibt mir immer noch die Option des Lokalpatriotismus – in meiner Geburtsstadt Kirn steht eine der wenigen überlebenden mittelständischen Brauereien.

Küche gegen Labor

Als es noch keine Sicherheitsbeauftragten gab, so habe ich mir sagen lassen, wurde im Labor auch schon mal Kaffee aus Bechergläsern getrunken und Alkohol zu Genusszwecken destilliert. Das geht natürlich alles nicht mehr – keine Lebensmittel dürfen die Grenzen zwischen Labor und dem Rest der Welt überschreiten. Wenn Küchengeräte wie Kühlschrank und Mikrowelle im Labor zum Einsatz kommen, dann sind diese streng zu unterscheiden von ihren baugleichen Geschwistern außerhalb des Labors. Keine Lebensmittel in den einen, keine Experimente in den anderen.

An diese Sicherheitsregeln haben sich inzwischen alle ForscherInnen gewöhnt. Zu Verwirrungen könnte es allerdings kommen, wenn demnächst Espressomaschinen im Laborbereich auftauchen, Sie wissen schon, die mit den nicht ganz so umweltfreundichen Aluminiumkapseln, aus denen sie auf Knopfdruck in 30 s und mit Hochdruck Kaffee hervorzaubern.

Denn diese Haushaltsgeräte können nicht nur Koffein und Kaffeearomen aus eingekapseltem Kaffeepulver freisetzen. Wie Francesc Esteve-Turrillas und Kollegen an der Universität von Valencia in Spanien berichten, extrahieren diese Wunderwerke der modernen Technik ebenso wirkungsvoll Umweltschadstoffe wie etwa Polycyclische Aromaten (PAH) aus Bodenproben (Armenta et al. 2016).

Bisher waren für solche Extraktionen entweder stundenlange Inkubationen in großen Mengen an Lösungsmitteln nötig oder aber modernste Geräte, die eigens für diesen Zweck entwickelt wurden und deshalb sündhaft teuer sind. Dank der Kapselmaschinen, die in Großserien gebaut werden und heutzutage schon für weniger als 50 EUR zu haben sind, konnten die Valencianer beides haben, eine schnelle und kostengünstige Extraktion, deren Wirksamkeit ebenso gut war wie bei den teuren Laborgeräten.

Die einzige Umbaumaßnahme, die die Forscher durchführen mussten, war die Bereitstellung des Lösungsmittels zur Extraktion (in diesem Fall Acetonitril) in einer externen Glasflasche. Sie führten auch regelmäßige Spülungen mit Wasser durch, um sicherzustellen, dass die für den Einsatz von Lösungsmitteln nicht vorgesehenen Kunststoffteile der Kaffeemaschine nicht angegriffen werden.

Diese bahnbrechende Arbeit sollte auch andere AnalytikerInnen animieren, sich in ihren Küchen umzusehen – welche der oft gekauften, aber im Alltag vielleicht nicht ganz so oft benutzten Gadgets könnten vielleicht im Labor einen sinnvolleren Einsatzort finden und gleichzeitig Geld sparen?

Um gleich beim Thema der Extraktion zu bleiben – die Smoothie-Maker und ähnliche vitaminschonende Entsafter sollten doch auch zur Gewinnung von Naturstoffen jeder Art aus pflanzlichen Materialien geeignet sein. Die gehen bestimmt schonender vor als die altmodischen Standmixer, die auch gelegentlich mal in Labors auftauchten.

Nachdem die Gewinnung von Naturstoffen aus ihrer natürlichen Quelle (und nicht aus einem rekombinanten Expressionssystem) eine Zeitlang beinahe illegal war, gab es ja in jüngerer Zeit eine Rückkehr zur Natur. Was früher einmal einfach Biochemie hieß, wurde im Rahmen dieser Neubesinnung dann auf chemische Biologie umgetauft. In diesem Sinne liegen die Smoothie-Maker ganz im Forschungstrend.

Zur schonenden Hitzebehandlung wäre vielleicht ein Schongarer oder ein elektrischer Dampfgarer geeignet. Oder vielleicht doch lieber eine Heißluftfritteuse? Hier ist noch etwas bessere Kommunikation vonseiten der Hersteller und Händler nötig, damit die Forschungslabors im Rüstungswettlauf mit den Küchen nicht den Anschluss verlieren.

Umgekehrt versäumt der Handel mit Küchengeräten, der ja einfach die größere Kundschaft und das entsprechende Entwicklungsbudget hat, keine Gelegenheit, modernste Technologie aus dem Labor herauszuholen und einem weiteren Publikum aufzuschwatzen.

Erst vor Kurzem wurde die Frischeanalytik für Laien eingeführt. Unauffällig faustgroße Lebensmittelspektrometer wie der Scio aus Israel und Tellspec aus Kanada, die auf Knopfdruck ermitteln, wie frisch Tomaten oder Melonen im Supermarkt oder in Ihrem Kühlschrank sind, oder wie gesund ein Gericht ist. Die Info geht dann natürlich über Bluetooth aufs Schlaufon, denn ohne App geht gar nichts (siehe auch Abschnitt „Mit 150 fängt das Leben an").

Der Wettlauf geht weiter. Die ganze Welt ist ein Labor, wie William Shakespeare beinahe gesagt hätte.

Große Blasen, kleine Blasen

Als Glossenschreiber eines Monatsmagazins habe ich ja ein relativ ruhiges Leben. Ich muss nicht hinter dem Rund-um-die-Uhr-Nachrichtenzyklus hinterherhecheln, wo auf jeden kleinen Hoffnungsschimmer drei größere Katastrophen folgen. Ich kann wochenlang am Ufer sitzen und warten, bis der Strom der Zeit etwas anschwemmt, das ich auf dieser Seite durch den Kakao ziehen kann.

„Vielleicht sollten wir unseren neuen Megaschaumbildner doch eher im Löschmittelbereich patentieren lassen?"

Andererseits bringt dieser schöne gemächliche Rhythmus den Nachteil einer gewissen Zeitverschiebung mit sich. Während ich zum Beispiel nach Ideen Ausschau halte, um Sie im März bei Laune zu halten, tobt um mich herum noch Weihnachten, sogar in der Wissenschaft. Eine ganz dringende Meldung aus der Rentierforschung: Rudolph und seine Freunde helfen, das Klima zu retten (te Beest et al. 2016). Die Pressemitteilung erschien gerade vor den Feiertagen. Offenbar halten sich die Rentierforscher eisern an den werbewirksamen Saisoneffekt. Aber im März ist das so witzig wie alte Lebkuchen.

Aber halt, da haben wir noch neueste Nachrichten aus der Champagnerforschung. Auch schamlose Saisonwissenschaft, aber immerhin kann man Schaumwein auch das ganze Jahr trinken. Also was macht den Champagner, laut der letzten gerade rechtzeitig zum Jahresende erschienenen Forschungsergebnisse so prickelnd?

Hersteller dürften auf ihre erlesenen Trauben oder auf die aufwendige Zweitgärung in der Flasche verweisen. Neben der alkoholischen Gärung spielt auch die malolaktische Gärung eine wichtige Rolle, wobei die Äpfelsäure zu Milchsäure und Kohlendioxid umgesetzt wird. Zum gehobenen Genuss beigetragen hat auch der Versailler Vertrag, der nun schon seit über 100 Jahren für Unfrieden in der Welt sorgt, aber immerhin in dem berühmten Champagnerparagrafen die Herkunftsbezeichnung vor Nachahmern schützte und von nicht ganz so göttlichem Gebräu wie dem deutschen Sekt, italienischen Prosecco und spanischem Cava absetzte.

Worauf es aber wirklich ankommt, so vermeldeten Forscher aus Reims, in der Champagne, wo sonst, ist die Blasengröße. Champagnerforscher Gérard Liger-Belair, fühlte sich vielleicht von der suggestiven Leichtigkeit seines Namens inspiriert, als er bereits in seiner im Jahr 2001 abgeschlossenen Doktorarbeit den emporschwebenden

Bläschen nachstellte. Jedenfalls blieb er dem Thema treu und hat seitdem über 100 Fachpublikationen und fünf Bücher über den Schaum der Silvesternacht verfasst. Wissenschaftlich geklärt werden musste unter anderem, welche Einschenktechnik dem prickelnden Genuss am förderlichsten ist (an der Wand entlang oder durch die Mitte?), wie viele Bläschen man pro Glas erwarten darf, und ob die Flöte oder die Schale den Gaskügelchen die besten Aufstiegsmöglichkeiten bietet.

In einem neueren Beitrag aus Reims untersuchten Liger-Belair und seine Mitarbeiter nun, wie viele von den Aromastoffen des Getränks beim Platzen der Bläschen in die Gasphase und dabei mit etwas Glück auch in die Nase der Genießerin gelangen (Séon und Liger-Belair 2017). Der Auswurf an duftenden Molekülen, so fanden die Forscher, nimmt im Rahmen der üblichen Blasengröße (zwischen 0,4 und 4 Millimetern Durchmesser) mit zunehmender Größe zu. Blasen von 3,4 Millimetern Durchmesser versprechen einen himmlischen Champagnergenuss.

Abgesehen von Druck und Temperatur trägt vor allem die Viskosität des Getränks zu der Blasengröße bei. In Presseinterviews schlug Liger-Belair zur Anwendung seiner Erkenntnisse vor, man könne den geschmacklichen Eindruck von Schaumweinen verbessern, indem man die Viskosität durch geschmacksneutrale Zusatzstoffe verringere.

Spätestens hier werden viele Fans des echten Champagners ihr Glas besorgt in Schutz und näher an die Brust nehmen wollen. Vielleicht hat der Blasenforscher zu tief ins Glas geschaut und fängt jetzt an zu blubbern, oder er ist einfach nur etwas *gonflé* – aufgeblasen. Zum Glück kennt das Französische für dieses Problem ein Verb, das dem Deutschen leider fehlt: *dégonfler* (die Luft herauslassen – uns fehlt einfach zu Verben wie aufpusten das Antonym „abpusten“). Lassen wir lieber die Blasen auf uns zukommen, große und kleine, und erfreuen wir uns, ganz ohne Panscherei, an den Duftmolekülen, die sie uns zuwerfen.

Tätowierung für Gurken

Es gibt mal wieder Meinungsverschiedenheiten im Hause Windsor. Nein, nicht etwa über den laufenden EU-Austritt, zumindest dringt davon bisher nichts an die Öffentlichkeit. Aber in Sachen biologische Landwirtschaft vertreten der ewige Thronfolger und seine Schwester diametral engegengesetzte Meinungen.

Während Prince Charles schon seit vielen Jahren für biologischen Anbau eintritt (und diesen auf seinen weitläufigen Ländereien auch praktiziert) und sich gegen gentechnisch veränderte *(genetically modified, GM)* Organismen ausspricht, hat Princess Anne in einem ausführlichen Radiointerview bekräftigt, dass sie GM toll findet und gerne auch auf ihren eigenen Ländereien zum Einsatz bringen würde.

Argumentativ hat sie zu der alten Diskussion nichts Neues beizutragen, und dass GM demnächst sowieso überholt ist, weil Crispr-Cas dieselben Vorteile mit viel eleganteren Methoden ohne Sicherheitsbedenken liefern kann, hat sie wohl auch noch nicht mitbekommen. Ihr Standpunkt ist jedoch gerade jetzt brisant, denn wenn das uneinige Königreich dann irgendwann die EU verlassen hat, wird sie womöglich ihrer Liebe zur GM-Landwirtschaft freien Lauf lassen können und den zukünftigen Gurkenkönig damit noch mehr auf die Palme bringen.

Aber wie können die Kundinnen und Kunden im Supermarkt dann die GM-Gurken der Prinzessin von den Biogurken des Prinzen und den Otto-Normal-Gurken der ganz normal industrialisierten Landwirtschaft unterscheiden? Je nach Weltanschauung werden ja viele die eine oder die andere Variante von *Cucumis sativus* bevorzugen bzw. eine bestimmte Version partout nicht in ihrem Salat wiederfinden wollen.

Auch für den Supermarkt ist die Unterscheidung wichtig, da die Bioprodukte ja meist mehr kosten. Wären sie nur mit einem Aufkleber markiert, so könnten manche verführt werden, Geld zu sparen, indem sie den Aufkleber unauffällig verschwinden lassen. Und auf manchen Produkten, wie etwa Avocados, kleben die Dinger auch nicht so richtig zuverlässig.

Die bisher übliche Lösung ist paradox – große Supermärkte lassen das Bioprodukt oft in Plastikfolie einschweißen, um es fälschungssicher zu machen. Da war es leicht vorherzusehen, dass sich die besonders umweltbewusste Kundschaft besonders oft über die unnötige Verpackung beschwerte. Ohne Plastik gibt es die Ware natürlich in spezialisierten Biomärkten, wo sowieso alles Bio ist, aber die Produzenten wollen ja gerade aus dieser Nische ausbrechen und die ganze Bevölkerung erreichen.

Als Ausweg aus dem Paradoxon der Plastik-Bio-Gurke testeten die Supermärkte REWE und Penny eine clever und wissenschaftlich anmutende Lösung. Ein Laser trägt die äußerste Pigmentschicht der Schale ab und erzeugt somit eine irreversible Tätowierung auf dem Obst, das sogenannte Laserlogo. Das Verfahren ist in den Niederlanden und in Schweden bereits üblich und deshalb auch schon EU-weit zugelassen, also eigentlich kein Problem. Zumal dem Produkt ja nicht, wie bei einer normalen Tätowierung, ein Farbstoff hinzugefügt, sondern nur eine kleine Menge des natürlichen Pigments entfernt wird.

Dennoch haben Verbraucherschutzorganisationen zur Vorsicht gemahnt, und die deutschen Supermärkte schleichen sich an diese plastiksparende Innovation erst einmal ganz langsam und vorsichtig heran. REWE und Penny testeten das Verfahren im April 2017 in 800 Märkten in Nordrhein-Westfalen. Für den Probelauf benutzten sie nicht etwa Salatgurken, deren Schale ja oft mitgegessen wird, und wer weiß, ob die mit dem Brandzeichen nicht auch einen angelaserten Geschmack annimmt. Sicherheitshalber wurden zunächst Avocados getestet, die bisher besonders aufwendig verpackt wurden und deren Schale nicht zum Verzehr bestimmt ist.

Erst wenn die Kundschaft sich an die Avocados gewöhnt hat, kommen die Gurken an die Reihe. Auch für empfindliches Obst wie Bananen soll das Verfahren geeignet sein. Und wenn es sich dann endgültig im Alltag etabliert hat, können natürlich auch andere Informationen wie etwa Herkunftsland und Haltbarkeitsdatum eingelasert werden. Auf so einer Salatgurke ist ja ganz schön viel Platz, da lässt sich auch noch Werbung unterbringen.

Die konkurrierenden Hobbylandwirte des britischen Königshauses könnten ihre Philosophie mit eingebrannten Porträts des Prinzen oder der Prinzessin kundtun und ihre Ware für eingefleischte Monarchiegegner ganz ungenießbar machen.

Nachtrag: Aktuell (2019) verspricht die REWE-Website, 100 % umweltfreundliche Verpackung ihrer Obst- und Gemüseeigenmarken bis 2030 zu erreichen. Dabei werden aber simple Lösungen wie Papierbanderolen am Broccolistrunk in den Vordergrund gestellt – auf das Laserlogo scheint die Firma nicht ganz so stolz zu sein.

Verjüngungsrausch für Senioren

Nachdem der Hanf *(Cannabis sativa)* jahrtausendelang eine wichtige Kulturpflanze war und zum Beispiel als Nahrungsmittel, Medikament sowie als Fasermaterial für die Herstellung von Seilen und Papier diente, geriet er leider im 20. Jahrhundert zwischen die Fronten des Drogenkriegs und letztendlich auf die Verbotsliste. So ganz logisch war das nie, denn objektive Analysen der Schädlichkeit im Vergleich zu anderen, legalen Rauschmitteln, wie sie etwa der britische Neurowissenschaftler David Nutt publiziert hat (siehe Abschnitt „Schwips ohne Kater"), stellen dem Hanf ein besseres Zeugnis aus als Alkohol und Zigaretten. Außerdem wissen wir ja von der Alkoholprohibition in den USA, dass Verbote beliebter Genussmittel kontraproduktiv sind.

In naher Zukunft: „Guck, der Bill Clinton inhaliert jetzt sogar öffentlich!" „Iss deine Haschplätzchen, damit du morgen nicht wieder was beim Einkaufen vergisst."

Mit dem 1961 von den Vereinten Nationen abgeschlossenen Einheitsabkommen über die Betäubungsmittel wurde die Hanfpflanze praktisch weltweit verboten. Zu der Logik dieser Prohibition gehört, dass die verbotenen Substanzen keinen medizinischen Nutzen haben dürfen, was zwar nicht unbedingt stimmt, aber sich in gewisser Weise dann doch von selbst einstellt, denn die gesetzlichen Einschränkungen erschweren die Forschung mit diesen Wirkstoffen derart, dass medizinische Nutzeffekte erst verspätet oder womöglich gar nicht entdeckt werden (Groß 2013).

Neurowissenschaftler würden zum Beispiel liebend gerne mit LSD experimentieren, wollen aber nicht als Junkies dastehen und unterlassen es meist (siehe dazu auch Abschnitt „Auf die Mikrodosis kommt es an"). Auch der Cannabiswirkstoff Tetrahydrocannabinol (THC) ist pharmakologisch höchst interessant. Schließlich ist es kein

Zufall, dass er eine bewusstseinsverändernde Wirkung auf uns ausübt. Unser Körper verwendet sehr ähnliche Signalstoffe, die Endocannabinoide, zum Beispiel bei der Unterdrückung von Schmerzen. Cannabisprodukte sprechen dasselbe Signalsystem an, und das könnte man medizinisch nutzen, wenn das Zeug nicht verboten wäre.

Die britische Firma GW Pharmaceuticals erhielt 2010 für das Cannabisprodukt Sativex, das den Wirkstoff THC als Mundspray enthält, die Marktzulassung im Vereinigten Königreich zur Linderung der Symptome der multiplen Sklerose. Ein Haschpfeifchen hätte diesen Linderungseffekt auch – die Leistung der Firma bestand vor allem darin, den Wirkstoff aus der Pflanze zu extrahieren und in eine Form zu bringen, die so weit wie möglich von der illegalen Form entfernt ist.

Doch langsam wendet sich zumindest mancherorts das Blatt. In Uruguay ist Hasch inzwischen legalisiert, in mehreren Bundesstaaten der USA gelten (abweichend von den Bundesgesetzen) verschiedene Regelungen von der Rezeptpflicht bis hin zur allgemeinen Freigabe. Auch in Deutschland gibt es seit März 2017 Cannabisprodukte regulär auf Rezept (vorher nur mit Ausnahmegenehmigung).

Einen weiteren Anstoß erhielt die Legalisierungswelle vor Kurzem durch die Entdeckung, dass Cannabis bisher einfach von der falschen Altersgruppe konsumiert wurde. Wie die Arbeitsgruppe von Andreas Zimmer an der Universität Bonn berichtete, beinträchtigen sehr geringe Mengen an THC das Gedächtnis jugendlicher Mäuse, verbessern aber die geistige Frische ihrer senilen Artgenossen (Bilkei-Gorzo et al. 2017).

Die Forscher verabreichten ihren Labormäusen aus drei Altersgruppen einige Wochen lang extrem geringe Mengen an THC kontinuierlich per Infusion. Die Dosis pro Körpergewicht war so gering, dass Menschen von der entsprechenden Menge keinen Rausch empfinden und keinerlei Wirkung bewusst wahrnehmen würden.

Im Einklang mit früheren Untersuchungen des Endocannabinoidsystems im alternden Gehirn fanden die Forscher, dass THC die bereits verlorene Jugendfrische des Gehirns in den älteren Mäusen wieder herstellte. Die Jungtiere, deren interne Wirkstoffversorgung noch intakt war, litten hingegen nach der THC-Behandlung unter Gedächtnisschwund. Auch molekulare und zellbiologische Untersuchungen an den Versuchstieren untermauerten diese Ergebnisse.

Sollte sich dieser Befund auch am Menschen bestätigen, so könnte der Hanf schon bald als Medikament für Senioren rehabilitiert werden – die Althippies, die in den Sechzigern ihr Gedächtnis mit Hasch schädigten, wären dann die ersten, die es mit demselben Wirkstoff vor dem Verfall retten könnten. Natürlich in klinisch sauberer Darreichungsform, damit niemand auf die Idee kommt, Medikamente und Drogen zu verwechseln.

Der älteste Käse der Welt?

Den Käse haben die Menschen vermutlich erfunden, um den Nährstoffgehalt der Milch langfristig haltbar zu machen. Dennoch verändert er sich mit der Zeit und durchläuft verschiedene Reaktionen mit verschiedenen Zeitkonstanten. Der Gouda zum Beispiel wird im Laufe von Monaten allmählich härter und würziger. Der Camembert wird bereits in wenigen Wochen flüssiger und geruchsintensiver und verwandelt sich in ein Entsorgungsproblem. Aber was würde aus beiden werden, wenn wir sie Jahrhunderte oder gar Jahrtausende lang in einer dunklen Kellerecke vergessen würden? Auf dieser archäologischen Zeitskala verwandelt sich jeder Käse in eine Herausforderung an die analytische Chemie.

„Und nun unser Höhepunkt: ein 5320 Jahre alter Ur-Roquefort im originalen Bandkeramik-Gefäß. Das Mindestgebot liegt bei…."

Die Untersuchung von Käseprodukten, die ihr Verfallsdatum bereits um einige Jahrtausende überschritten haben, ist derzeit in der Archäologie sehr gefragt. Es geht nicht nur darum, wer den ältesten Käse hat, sondern auch um die Ursprünge der Landwirtschaft und der Zivilisation.

Einen Anspruch auf den Titel des ältesten Käses der Welt meldeten im Juli 2018 Ägyptologen an, die das Grab eines Bürgermeisters von Memphis analysieren, der unter den Pharaonen Seti und Ramses II amtierte, also vor rund 3300 Jahren. Das Grab, das sich mit mehreren Gruften über 70 m Länge erstreckt, wurde 1885 entdeckt und teilweise ausgegraben, ging aber bereits vor dem Ende des 19. Jahrhunderts im Wüstensand verloren.

Nach der Wiederentdeckung der Grabstätte im Jahre 2010 fanden Ausgräber in einem abgelegenen Winkel einige zerbrochene Tongefäße und in einem davon eine weiße Masse, die ursprünglich eventuell mit einem Textil abgedeckt war, das in der Nähe lag.

Ein alter Käse? Nun, der Hauptbestandteil der weißen Substanz ist Natriumcarbonat, also könnte diese genauso gut Seife gewesen sein – zumindest zeitweise. Nach Interpretation der Autoren hat die alkalische Umgebung in der Gruft die vorliegenden Fette verseift und letztendlich zu Carbonat degradiert (Greco et al. 2018).

Zum Glück war das Schicksal mit den Proteinen gnädiger – von diesen sind immerhin noch Peptidfragmente nachweisbar, die sich der Milch bestimmter Säugetiere zuordnen lassen. Konkret glauben die Forscher, dass die Masse ursprünglich ein fester Käse aus einer Mischung von Kuhmilch und Schafs- oder Ziegenmilch war.

Eines der Peptidfragmente weist außerdem auf die Anwesenheit des Bakteriums *Brucella melitensis* hin. Dieses verursacht eine Krankheit bei Schafen und Ziegen, die mit der Rohmilch dieser Tiere auch auf Menschen übertragen werden kann und dann als Malta-Fieber bezeichnet wird. Auch wenn es vielleicht nicht der älteste Käse der Welt ist, dann bleibt den Ägyptologen noch der früheste Nachweis dieser Krankheit.

Der Rekord des ältesten Käses der Welt verweilte nicht lange in Ägypten, denn nur wenige Wochen später meldeten Forscher zumindest Spuren eines mehr als doppelt so alten Käses, der vor etwa 7200 Jahren an der dalmatischen Küste (heute Kroatien) hergestellt wurde. Dort graben Archäologen zwei Dörfer der Jungsteinzeit aus, die beide mehr als 1000 Jahre lang bewohnt waren und drei verschiedene Arten von Tongefäßen aus dieser Zeit aufweisen.

Das Spülschwämmchen war damals noch nicht erfunden, und so sind auf vielen dieser Tongefäße und -scherben noch Fettspuren zu finden. Aber was für Fett? Sarah McClure von der Penn State University und Kollegen konnten anhand der stabilen Kohlenstoffisotope zwischen drei verschiedenen tierischen Fetten unterscheiden (McClure et al. 2018). Im Vergleich zu dem Körperfett der Rinder, das mit dem Braten auf dem Teller landet, enthält die Milch nämlich um zwei Promille weniger ^{13}C.

Verblüffenderweise, und man weiß noch nicht sicher, warum das so ist, verhält es sich beim Käse genau andersherum, der enthält zwei Promille mehr ^{13}C als Körperfett. Dieser subtile Unterschied reichte aus, um zu ermitteln, welche Lebensmittel vor 7200 Jahren in welchen Töpfen gehandhabt wurden. Und siehe da, die drei verschiedenen Arten von Tongut hatten je einen bestimmten Zweck – eine für Fleisch, die andere für Milch, die dritte für Käse.

Die Milchspuren sind bis zu 7700 Jahre alt. Die Käsereste kamen hingegen erst 500 Jahre später hinzu. Wir können praktisch zusehen, wie die Steinzeitlandwirte den Käse erfanden oder zumindest entdeckten und ihrem Speiseplan hinzufügten. Es gilt zu bedenken, dass *Homo sapiens* im Urzustand lactoseintolerant war. Da sich zu der fraglichen Zeit die Fähigkeit, Lactose auch im Erwachsenenalter zu verdauen, noch nicht in Europa ausgebreitet hatte, bot diese Innovation eine breitere Nutzung von Milch und einen Überlebensvorteil. Was man aus schmutzigem Geschirr alles lernen kann.

Schwips ohne Kater

Vor zehn Jahren, in glücklicheren Zeiten, als Brexit lediglich ein Hirngespinst in den Köpfen weniger Verrückter war, tobte eine der größten Schlachten der britischen Politik nicht um

Europa, sondern um die Drogenpolitik. Zuvor hatte Tony Blairs Regierung in ihren frühen Jahren auf die Wissenschaft gehört, Cannabis von der Stufe B (bis zu fünf Jahre Gefängnis für den Besitz) auf C (maximal zwei Jahre) verschoben und den prominenten Neurowissenschaftler David Nutt als Vorsitzenden des wissenschaftlichen Beratergremiums zur Drogenpolitik berufen.

Doch dann drehte sich der Wind – entgegen dem Rat des Gremiums beförderte die Regierung den Hanf zurück in die Klasse B. Nutt reagierte darauf mit einer Publikation, in der er seine eigene Skala der Schädlichkeit von Drogen und anderen Freizeitaktivitäten aufstellte, die von dem offiziellen ABC erheblich abwich. Sein medienwirksamster Befund, den er auch in Vorträgen und Interviews gern zur Schau stellte: Wer eine Ecstasytablette nimmt und zwei Stunden tanzen geht, lebt weniger gefährlich als jemand, der dieselbe Zeit (ohne Drogen) mit Reiten verbringt.

Die damalige Innenministerin Jacqui Smith war erbost, schaffte es aber nicht, den unbequemen Wissenschaftler loszuwerden. Ende des Jahres 2009, nachdem Nutt seine eigene Risikoskala verbessert und weiterhin publik gemacht hatte, wurde er von Smiths Nachfolger Alan Johnson kurzerhand entlassen. Etwa die Hälfte des Gremiums trat daraufhin zurück, und Nutt gründete 2010 sein eigenes, unabhängiges Expertenkomitee zur Drogenpolitik.

Dank dieses Dramas ist Nutt jetzt weithin berühmt und seine Stellungnahmen zum gescheiterten Krieg gegen die Drogen und dem daraus resultierenden Schaden nicht nur für die Gesundheit der Bevölkerung, sondern auch für die Neurowissenschaft, die mit den verbotenen Substanzen nur unter extremen Schwierigkeiten forschen kann, finden generell Beachtung (Groß 2013). Man muss dazu sagen, dass er die Begabung hat, seine Wissenschaft auf einen Punkt zuzuspitzen, der garantiert ein Medienecho auslöst und die Politik ordentlich piesackt.

In logischer Konsequenz seiner Erkenntnis, dass die erlaubten Genussmittel nicht unbedingt weniger schädlich sind als die verbotenen Drogen, widmet er sich heute der Entwicklung eines unschädlicheren Ersatzstoffs für den Alkohol in Getränken. Nutts Philosophie ist, dass der Rausch und andere Arten der drogeninduzierten Bewusstseinsveränderung ein menschliches Grundbedürfnis sind, das sich nicht einfach per Gesetz abschaffen lässt.

Abschaffen kann man allerdings die Nebenwirkungen wie den Kater und die Leberzirrhose, wenn man nur ein Molekül findet, das die erwünschten Effekte erzeugt. Nutts Expertise aus der Erforschung des Rezeptors für den Neurotransmitter GABA (γ-Aminobuttersäure) bot hier einen Ansatzpunkt.

Wie Nutt bereits in den 1980er-Jahren mit Tierversuchen zeigen konnte, beruht die Wirkung des Alkohols im Gehirn darauf, dass Ethanol den GABA-Rezeptor stimuliert, dessen Aktivität hinwiederum eine allgemein beruhigende Wirkung auf das Zentralnervensystem hat. Nutt konnte zeigen, dass ein Inhibitor des GABA-Rezeptors betrunkene Ratten wieder nüchtern macht.

Aus dieser Erkenntnis folgten zwei voneinander unabhängige Anwendungsideen – zum einen ein Gegengift zum Alkohol, zum anderen ein weniger schädlicher Alkoholersatz, der unter den zahlreichen Varianten des GABA-Rezeptors nur diejenigen anspricht, die gewünschte Effekte auslösen, kurz, einen Schwips ohne Kater.

Seinen streng geheimen Alkoholersatz namens Alcarelle hat Nutt inzwischen entwickelt und schon selbst getrunken. Zusammen mit seinem Geschäftspartner David Orren sammelt er jetzt Kapital und hat einen Fünfjahresplan, um ein marktfähiges Getränk in die berühmten britischen Pubs zu bringen.

Wenn es ihm wirklich gelingt, den Rausch auf ungefährliche Weise unter Kontrolle zu bringen, wären einige spannende Varianten denkbar. Etwa der reversible

Rausch, den die Partygängerin abstellen kann, um die Heimfahrt anzutreten. Oder der limitierte Rausch, der sich auf ein Gleichgewicht einpegelt, bevor der Trinker selbst das Gleichgewicht verliert.

Diese Neuerungen wären natürlich rein synthetische Produkte in einem umkämpften Markt, wo zumindest die WeintrinkerInnen sich bisher eines traditionell naturnah hergestellten Produkts erfreuten. Andererseits könnte der Ersatz von Zucker durch diverse Süßstoffe eventuell als Vorbild für einen Siegeszug des Alkoholersatzes dienen.

Als letzte Hürde bleibt dann noch das britische Innenministerium, zu dem Nutt schon seit vielen Jahren ein gespanntes Verhältnis hat. Das könnte die neue Substanz kurzerhand zur verbotenen Droge erklären, dann wäre Nutt wieder dort angelangt, wo seine Medienkarriere angefangen hat: im Kampf mit der Regierung.

Literatur

Armenta S, de la Guardia M, Esteve-Turrillas FA (2016) Hard Cap Espresso Machines in Analytical Chemistry: What Else? Anal Chem 88:6570–6576

Bilkei-Gorzo A et al (2017) A chronic low dose of Δ^9-tetrahydrocannabinol (THC) restores cognitive function in old mice. Nature Med. 23:782–787

Broderick PA, Malave LB (2014) Cocaine shifts the estrus cycle out of phase and caffeine restores it. J Caff Res 4:109–113

Brooks M (2011) Free radicals: The secret anarchy of science. Profile books, London

Corder A (2007) The wine diet: Drink red wine every day – Eat fruit and berries, nuts and chocolate – Enjoy a longer, healthier life, Sphere, London.

Greco E et al (2018) Proteomic analyses on an ancient egyptian cheese and biomolecular evidence of brucellosis. Anal Chem 90:9673–9676

Groß M (2013) Drogengesetze schaden Neurowissenschaften. Chem unserer Zeit 47:284

Gross M (2012) The evolution of writing. Curr Biol 22:R981–R984

Hamblin TJ (1981) Fake! Brit Med J. 283:1671–1674

Krzemnicki MS, Hajdas I (2013) Age determination of pearls: A new approach for pearl testing and identification. Radiocarbon 55:1801–1809

McClure SB et al (2018) Fatty acid specific $\delta^{13}C$ values reveal earliest Mediterranean cheese production 7200 years ago. PLoS ONE 13:e0202807

Meyer JB, Cartier LE, Pinto-Figueroa EA, Krzemnicki MS, Hänni HA, McDonald BA (2013) DNA fingerprinting of pearls to determine their origins. PLoS ONE 8:e75606

Reclari M et al. (2011) "Oenodynamic": Hydrodynamic of wine swirling arXiv:1110.3369v1.

Rush E, Long X, Obolonkin V, Ding J, Lucas P (2014) Caffeine with and without sugar: Individual differences in physiological responses during rest. J Caff Res 4:127–130

Séon T, Liger-Belair G (2017) Effervescence in champagne and sparkling wines: From bubble bursting to droplet evaporation. Eur Phys J ST 226:117–156

Silverstein K (2004) The radioactive boy scout: The true story of a boy and his backyard nuclear reactor. Random House, New York

Sutton M (2010) Internet Journal of Criminology, https://www.readkong.com/page/spinach-iron-and-popeye-4973209.

Te Beest M, Sitters J, Ménard CB, Olofsson J (2016) Reindeer grazing increases summer albedo by reducing shrub abundance in Arctic tundra. Environ Res Lett 11:125013

Urban J, Dahlberg CJ, Carroll BJ, Kaminsky W (2013) Absolute configuration of beer's bitter compounds. Angew Chem 125:1593–1595

Wang R et al. (2019) Caffeine improves the performance and thermal stability of perovskite solar cells. *Joule* 3:1464–1477. DOI: https://doi.org/10.1016/j.joule.2019.04.005.

3

Da haben wir ja Natur und Umwelt gründlich ruiniert

Die Ausbreitung des *Homo sapiens* hat die Umwelt umgewälzt und der Natur ihre gesamte Natürlichkeit ausgetrieben. Da ist nicht mehr viel zu retten, wir können nur versuchen, unsere Emissionen in etwas weniger schädliche Bahnen zu lenken und die überlebende Tier-und Pflanzenwelt vor ihnen zu schützen. Eigentlich geht es hier um Ökologie, also um das konstruktive Zusammenwirken der Arten, aber der Mensch ruiniert dieses halt permanent, von seinem ersten Wasserlassen bis zu seinem letzten Atemzug. Manchmal schlägt die Natur aber auch zurück, etwa wenn Seeanemonen Aquarienbesitzer vergiften oder Holzwürmer unsere Möbel perforieren und sogar in unseren Büchern ihre Spuren hinterlassen.

M. Groß, *Tabakschwärmer, Bücherwürmer und Turbo-Socken*,
https://doi.org/10.1007/978-3-662-59303-5_3

Arsen und Ringeltäubchen

Verbindungen des Elements Selen, das habe ich (glaube ich) im ersten Semester gelernt und aus unerfindlichen Gründen bis heute behalten, sind in der anorganischen Chemie vor allem deshalb unbeliebt, weil ihr äußerst unangenehmer Geruch den unachtsamen Forscher bis nach Hause verfolgt. Vor der Erfindung des World Wide Web, als man noch auf zwischenmenschliche Kontakte in der realen Welt angewiesen war, konnte so etwas leicht zu Schwierigkeiten führen.

Manche Dinge sind aus solchen trivialen Gründen wie dem Geruchs- oder Ekelfaktor einfach zu wenig erforscht. Wie zum Beispiel der Taubenmist. Tauben sind in vielen Großstädten eine Plage und machen alles voll, aber die Abwehr beschränkt sich bisher auf physische Gewaltandrohung, von hässlichen Stachelkränzen über Gewehre bis hin zu Falken. Wenn man sich aber mit den Tauben und ihrem Mist näher auseinandersetzen würde, könnte man vielleicht eine elegantere chemische Lösung für dieses Problem finden. Könnte man den Tauben nicht mit Signalstoffen mitteilen, dass ihr Mist auf Felswände gehört und nicht auf unsere Fensterbänke?

Sehr aufschlussreich ist in diesem Zusammenhang eine bahnbrechende Fallstudie aus Japan. In der Stadt Kanazawa steht eine Bronzestatue des legendären Helden Yamato Takeru – laut Wikipedia unterwarf er im Jahre 97 die Kumaso in Süd-Kyūshū und 110 die Ezo in Nordjapan, wodurch die Einigung Japans unter der Yamato-Regierung möglich wurde. Dem Materialwissenschaftler Yukio Hirose fiel schon in seiner Studentenzeit auf, dass diese, im Gegensatz zu anderen vergleichbaren Statuen, von Tauben und deren Mist verschont blieb.

Später, im Rahmen von Instandhaltungsarbeiten an der Statue, erhielt Hirose die Chance, eine Probe des Metalls zu analysieren. Er fand, dass es beachtliche Mengen Arsen enthielt. Womöglich haben die Hersteller es absichtlich hinzugefügt, um den Schmelzpunkt der Bronze herabzusetzen. In Verhaltensexperimenten untersuchte Hirose dann die Vorliebe von Tauben bei der Sitzplatzwahl und fand tatsächlich, dass sie Metallbleche mit Arsengehalt systematisch meiden.

Warum sie das tun, geht aus den bekannt gewordenen Ergebnissen allerdings nicht hervor. Vergiften können sich die Vögel durch bloßes Sitzen (und Absetzen von Ausscheidungen) auf arsenhaltigen Legierungen wohl nicht. Haben sie vielleicht elektrochemische Sensoren in den Füßen, die auf „falsche“ Legierungen reagieren? Oder einen extrem empfindlichen Geruchssinn, der auch einzelne durch Korrosion freigesetzte arsenhaltige Ionen im Luftraum oberhalb der Statuen und Bleche entdeckt? Ebenso wie das im Periodensystem benachbarte Selen kann ja auch Arsen in seinen Verbindungen ganz schön schlimm riechen – obwohl natürlich aus einer massiven Bronzestatue nicht sehr viel davon freigesetzt werden dürfte.

Diese Fragen müsste Hirose noch klären, wenn er zusätzlich zu dem 2003 erworbenen Ig-Nobelpreis auch etwas ernstere Anerkennung anstrebt. Es gibt durchaus einen Präzedenzfall: Unerschrockener Umgang mit Taubenmist hat bereits zwei Physikern einen Nobelpreis gesichert. Arno Penzias und Robert Wilson wollten im Jahre 1965 eine Hornantenne, die nach Stillegung des ersten Kommunikationssatelliten übrig war, für die Radioastronomie nutzen, fanden aber ein Rauschen, wenn sie das Horn auf ein vermeintlich leeres Stück Himmel richteten. Sie schoben das Phänomen zunächst den Tauben in die Schuhe, die in dem Hohlraum der Antenne nisteten.

Sie verjagten die Tauben und entfernten in tagelanger harter Arbeit die Ausscheidungen, die diese über mehrere Jahre in der Antenne angereichert hatten. Allein, nachdem die Forscher den Taubenmist spurlos beseitigt hatten, blieb ihnen das Rauschen unverändert erhalten. Merke, Tauben sind nicht an jedem Problem schuld.

Nach mehr als einem Jahr begannen die Physiker, die Möglichkeit in Erwägung zu ziehen, dass es sich um ein echtes, bisher unentdecktes physikalisches Phänomen handeln könnte. Diese Vermutung konnten sie dann in Zusammenarbeit mit anderen bestätigen, und so wurde die kosmische Hintergrundstrahlung entdeckt, ein Nachhall des Urknalls, der uns heute wichtige Einzelheiten zur Entstehungsgeschichte des Universums verrät.

Per asperam ad astra, wie die alten Römer sagten. Durch Mist und Mühsal führt unser Weg zu den Sternen.

Die Wissenschaft vom Weihnachtsstern

Wenn Sie angesichts der drohenden Adventszeit gerade einen Weihnachtsstern erstanden haben, denken Sie jetzt vielleicht ganz naiv, dass Sie eine ganz gewöhnliche Topfpflanze mit nach Hause gebracht haben. Jemand hat einen Samen in den Topf gesetzt, das Gewächs ist gewachsen, und dann kam es in den Blumenladen zum Verkauf. Ja, wenn das so einfach wäre. In Wirklichkeit steckt in diesem unscheinbaren Blumentopf jede Menge Wissenschaft, und bis zum nächsten Jahr könnte es sogar ein Upgrade geben.

„Unsere Neuzüchtung reagiert auf akustischen Reiz und rollt sich zu einem AdventskraFmen."

Fangen wir mit der Botanik von *Euphorbia pulcherrima* an – was von Weitem so aussieht wie eine Blüte, die schönen roten Blätter, das hat in Wirklichkeit mit der Fortpflanzung gar nichts zu tun. Diese so genannten Hochblätter (Brakteen) erröten nur, um Nichtbotaniker wie mich gründlich zu verwirren. Dennoch dreht sich bei der saisonalen Vorbereitung des Weihnachtssterns einiges um diesen Blickfang. Die Blätter werden nur rot, wenn die Pflanze einige Wochen lang weniger als 12 h Tageslicht pro Tag empfängt. Die Weihnachtssternproduzenten helfen da ganz routinemäßig nach, indem sie den Pflanzen einige Wochen vor ihrem geplanten Verkaufstermin jeweils nachmittags einen Hut überstülpen, zwecks Verkürzung der Tageslänge.

Chemie kommt auch zum Einsatz, und zwar nicht nur mit dem Düngemittel. Eigentlich wollte die Pflanze, die da so schön kompakt auf Ihrer Fensterbank sitzt, nämlich ein richtig großer Busch werden. Bis zu vier Meter hoch sollen die Gewächse in ihrer Heimat in Mexiko werden, habe ich mir sagen lassen. (A propos Mexiko, die Azteken kannten diese Art aus der Familie der Wolfsmilchgewächse bereits unter dem Namen Cuetlaxochitl und nutzten sie als Farbstoff und als fiebersenkendes Mittel – also sollte sich vielleicht auch die Pharmaforschung für diesen Zimmerschmuck interessieren.) Chemische Wachstumshemmer dienen dazu, das Sternchen auf Zimmerpflanzenformat zu begrenzen. Am meisten benutzt wurde bisher Cycocel 720 mit dem Wirkstoff Chlormequat (2-Chloroethyltrimethylammonium), doch dessen Zulassung ist Ende 2013 abgelaufen.

Kann man denn die Pflanze nicht auch ohne chemische Keule auf Wohnraumgröße limitieren, werden sich jetzt manche grün angehauchte Weihnachtssternfans fragen. Genau dieser Frage ist die Arbeitsgruppe von Heiner Grüneberg von der Berliner Humboldt-Universität nachgegangen. In einem auf drei Jahre angelegten Projekt, das 2014 erfolgreich abgeschlossen wurde, untersuchten Grüneberg und seine Mitarbeiterin Diana Helbig, ob die Physik, oder genauer gesagt, die Mechanik bei der Wachstumshemmung die Chemie ersetzen könnte.

Sie testeten, ob regelmäßiges Durchschütteln auf einem Rütteltisch während der sechs- bis achtwöchigen Vorbereitungsphase vor dem Verkauf das Wachstum der Zierpflanze ebenso wirkungsvoll zügeln kann wie das Besprühen mit Chemikalien. Und siehe da, die gerüttelten Weihnachtssterne dachten sich offenbar, dass sie in einem gefährlichen Erdbebengebiet Wurzeln geschlagen haben und besser nicht zu sehr in die Höhe schießen sollten. Will sagen, sie blieben schön klein und kompakt, wie gewünscht.

Bei ihren aufrüttelnden Experimenten achteten die Forscher rundum auf ökologische Kriterien. Sie pflanzten die Stecklinge in torfreduziertes Substrat in verrottbaren Töpfen und düngten sie mit Schafwollpellets. Die diesjährigen (2014) Weihnachtssterne werden wohl noch von der alten Schule sein (alte Cyclocel-Vorräte dürfen noch aufgebraucht werden), aber vielleicht gibt es ja schon bald, neben zahllosen Farbvarianten auch die Version „geschüttelt statt gespritzt". Eine weitere Alternative bietet die Behandlung mit speziell gefiltertem Licht (Mata et al. 2009).

Zwei Fragen ließ das Projekt bisher ungeklärt: erstens, was soll man mit den Pflanzen eigentlich nach Weihnachten machen? Manche von ihnen protestieren gegen die nicht artgerechte Zimmerhaltung mit dem Abwerfen aller grünen Blätter, und der verbleibende rote Stern ziert dann bald den Komposthaufen oder die Biotonne. Andere überleben die saisonale Bewunderungsphase und landen dann in einer abgelegenen Ecke von Balkon oder Garten, wo sie dann meist vor dem nächsten Advent der Vernachlässigung zum Opfer fallen.

Und zweitens: Hilft das Rüttelverfahren eigentlich auch bei eingetopften Weihnachtsbäumen? Das wäre bis zur nächsten Weihnachtssaison noch zu erforschen.

Nachtrag: Das Rüttelverfahren scheint sich nicht durchgesetzt zu haben. Offenbar kommen die Weihnachtssternproduzenten auch mit einfachem Stutzen der Pflanzen zurecht.

Chemische Schwärmereien

Vom Tabak schwärmen heutzutage nicht mehr viele – allenfalls noch die Tabakschwärmer *(Manduca sexta)*. Diese Nachtfalter aus der Neuen Welt schätzen im Raupenstadium die Blätter der Tabakpflanze. Wenn man sie im Labor hält und mit Weizenkeimen ernährt, erscheinen sie türkisfarben bis blau.

Wegen des Rückgangs des Tabakanbaus hat der Tabakschwärmer Chemiebücher ins Nahrungsspektrum aufgenommen. Seitdem zeigt Manduca sexta ein verändertes Paarungsverhalten

Lewis Carroll mag beim Verfassen seines im Jahre 1865 erstmals veröffentlichten Klassikers *Alice's adventures in Wonderland* an diese Art gedacht haben, als er eine drei Zoll große Raupe beschrieb (siehe auch die Umschlagillustration), die auf einem Pilz saß, aus einer Wasserpfeife rauchte und Alices Fragen mit wenig hilfreichen Gegenfragen beantwortete, womit er vermutlich seine Oxforder Kollegen parodierte.

Im wirklichen Leben genießen die Raupen die Tabakblätter aber frisch und unverbrannt, ganz ohne Rauch. Das ist aber nicht weniger bemerkenswert, allein deshalb, weil die Pflanze das Nervengift Nikotin genau zu dem Zweck in ihren Blättern anreichert, um hungrige kleine Raupen fernzuhalten.

Die Raupe des Tabakschwärmers aber wird mit dem Nikotin fertig – sie kann es nicht nur verdauen, sondern sogar aus dem Verdauungsprodukt zurückgewinnen und es selbst als chemischen Kampfstoff gegen ihre Fressfeinde einsetzen. Die Tabakpflanze hat das auch schon gemerkt – während sie andere Insekten durch erhöhte Nikotinproduktion abwehrt, macht sie sich beim Tabakschwärmer gar nicht erst die Mühe. Sie erkennt die Insektenart an ihren Sekreten und scheint sie zu tolerieren. Hat sich die ehemalige Raupe erst einmal als flatteriges Flügeltier entpuppt, dann ist dieses der Pflanze sogar nützlich, da es sich von nun an von deren Nektar ernährt und zur Bestäubung ihrer Blüten beiträgt.

Nun müssen die erwachsenen Falter irgendwann auch an ihre eigene Familiengründung denken. Die Tabakschwärmerinnen produzieren zu diesem Zwecke chemische Lockstoffe (Pheromone), die ihre männlichen Artgenossen aus großer Entfernung noch wahrnehmen können. Ebenso wie die mit ihnen verwandten Seidenspinner *(Bombyx mori)* benutzen sie Fettsäurederivate mit ein oder zwei Doppelbindungen. Zusätzlich können die Tabakschwärmerinnen aber auch ein einzigartiges Pheromon erzeugen, das ganze drei konjugierte Doppelbindungen enthält. Wenn ein Tabakschwärmer ein solches Signalmolekül empfängt, gibt es keinen Zweifel: Es kann nur von einer paarungsbereiten Tabakschwärmerin kommen.

Wie aber bringt die Schwärmerin dieses chemische Kunststück fertig? Diese Frage konnten Arbeitsgruppen in Prag und am Max-Planck-Institut für Chemische Ökologie in Jena gemeinsam klären. Sie identifizierten das Enzym, das für die Einführung der dritten Doppelbindung zuständig ist, und stellten fest, dass es sich nur in einem einzigen Aminosäurebaustein von einer anderen, vorher bereits bekannten Desaturase unterscheidet, die sowohl beim Tabakschwärmer als auch beim Seidenspinner auftritt (Buček et al. 2015).

Dies alles deutet darauf hin, dass womöglich eine einzelne Punktmutation vor rund zwölf Millionen Jahren zur Artentrennung zwischen den Vorfahren der Tabakschwärmer und denen der Seidenspinner führte. Ganz urplötzlich sprachen einige wenige Falterinnen eine andere chemische Sprache – und einige fortschrittliche Faltermännchen müssen sie verstanden haben, denn sonst wäre die Mutation sofort wieder ausgestorben.

Wenn eine so subtile Änderung der Kommunikation zur Aufspaltung einer Art führen kann, dann ist es ja geradezu ein Wunder, dass unsere Spezies trotz globaler Ausbreitung, politischer Differenzen und babylonischer Sprachenvielfalt bisher zusammengehalten hat. Das mag auch daran liegen, dass es uns noch nicht so lange gibt wie die Falter und dass es uns angesichts unserer zerstörerischen Tendenzen nicht lange genug geben wird, um der Evolution solche Spiele zu ermöglichen. Oder daran, dass unsere chemische Kommunikation, die noch immer umstritten und nicht so gut erforscht ist wie die der Falter, trotz kultureller Vielfalt konstant geblieben oder gar verloren gegangen ist. Insgesamt entsteht der Eindruck, dass der Tabakschwärmer einen natürlichen Draht zur Chemie hat und mit Wirkstoffen wie Nikotin und Pheromonen cleverer umgeht als wir. Vielleicht ist er ja ein heimlicher Chemie-Schwärmer.

Dem Bücherwurm auf der Spur

Der Biologe Blair Hedges hat sich an der Pennsylvania State University und seit 2014 an der Temple University in Philadelphia außerordentlich erfolgreich um die Erforschung von Vögeln und Reptilien bemüht. Er hat 124 Arten neu beschrieben und benannt sowie auch zahlreiche Gattungen und höhere taxonomische Gruppen. Sein Hobby ist das Sammeln alter Drucke, insbesondere von Landkarten aus der Renaissance.

„Deprimierend, unsere Arbeitsplätze werden durch Künstliche Intelligenz ersetzt!"

Doch mit dem Abschalten nach getaner Forschungsarbeit scheint es nicht so recht geklappt zu haben. Zuerst entwickelte er ein neues Datierungsverfahren für Kupferstiche auf der Grundlage von wegen der Korrosion des Kupfers allmählich dünner werdenden Linien (Hedges 2006). Und dann fiel ihm beim Stöbern in seiner Sammlung auf, dass manche seiner kostbaren Holzdrucke weiße Flecken aufwiesen, die ein Wurmloch im Holzblock abbildeten. Hier waren offenbar vor Jahrhunderten Holzwürmer am Werk, die jedoch genau genommen keine Würmer, sondern Käferlarven sind.

Der unermüdliche Biologe maß den einzigen Parameter, der ihm zur Charakterisierung der Holzwürmer zur Verfügung stand, nämlich die Durchmesser der Löcher. Als unabhängige Variable dienten ihm der meist wohl dokumentierte Ort und die Zeit der Drucklegung. Das scheint nicht viel Information zu sein, aber mit einer großen Zahl von Drucken, einer Europakarte und viel Geduld konnte Hedges die geografische Verteilung zweier Käferarten in Europa mit über 3000 Messpunkten dokumentieren – eine Informationsdichte, die aus naturkundlichen Sammlungen nicht zugänglich wäre (Hedges 2013).

Hedges stellte fest, das ganz Europa in der Renaissance zwischen zwei Holzwurmarten aufgeteilt war, die Löcher in Druckstöcke fraßen. Im Norden bohrten die Larven des gemeinen Nagekäfers *(Anobium punctatum)* Löcher von 1,4 mm Durchmesser, aus denen dann die Käfer ausschlüpfen konnten, im Süden des Kontinents hingegen war vermutlich die Art *Oligomerus ptilinoides* am Werk und hinterließ deutlich größere Löcher mit 2,3 mm Durchmesser. Vom 15. bis ins späte 19. Jahrhundert blieb diese Gebietsaufteilung unverändert – erst der verstärkte Fernhandel mit Holzprodukten führte dann zu einer Ausweitung und Überlappung der Käferterritorien.

Inzwischen hat Hedges in seiner Hobbyforschung den nächsten Schritt gemacht. Eine Reporterin von *Science* beobachtete ihn in der Bodleian Library in Oxford, wie er mit einer kleinen Bürste an Wurmlöchern in einem Manuskript des Lukas-Evangeliums aus dem 12. Jahrhundert herumschrubbte (Gibbons 2017). Sein Plan ist, auf diese Weise die DNA der Käferlarve zu analysieren, die sich vor 900 Jahren durch die zwischen Holzdeckeln gebundene Heilige Schrift fraß.

Probennahme jeglicher Art ist in der Bodleian strengstens verboten, aber das altehrwürdige Evangelium ist eine Ausnahme, da es sich in Privatbesitz befindet und in der Bodleian nur zu Forschungszwecken aufbewahrt wird. Der wissenshungrige Besitzer hat das Manuskript auch anderen Forschern für Analysen zur Verfügung gestellt. Diese konnten mit neuen minimalinvasiven Methoden bereits überraschende Einblicke in die Verwendung von Pergamenten verschiedener Tierarten gewinnen.

Andere versuchen, von den Seiten menschliche DNA zu gewinnen, die etwa von Lesern stammen könnte, die auf das wertvolle Buch geniest haben, oder von eifrigen Mönchen, die bei rituellen Gebeten immer wieder dieselbe Seite berührten. Mit der heutigen Technologie, die aus Knochensplittern von Neandertalern komplette Genome hervorzaubert, können solche Träume durchaus Wirklichkeit werden.

Die Welt der Klosterbrüder, die ein Leben lang Bücher abschrieben, wurde bisher vor allem auf der Grundlage der sichtbaren oder mit physikalischen Methoden sichtbar zu machenden Information sowie mit der Fantasie von Autoren wie Umberto Eco *(Der Name der Rose)* zum Leben erweckt. Die Genome von Bücherwürmern, sowohl der menschlichen als auch der tierischen Sorte, können uns diese Welt nun auch aus molekularbiologischer Sicht näherbringen.

Dabei können natürlich auch finstere Verbrechen zum Vorschein kommen. Spätestens wenn die Forscher mit Gift getränkte Seiten oder Pergament aus Menschenhaut finden, werden sie Sherlock Holmes einschalten müssen.

Solarkreisel statt Energiewende

Die Zeit drängt. Die ganzen utopisch klingenden Jahreszahlen, 2020, 2030, 2050, die in den Klimakonferenzen immer herumgeworfen werden, rücken unaufhaltsam näher, aber die Erde wird weiterhin wärmer, die Hurrikane werden immer zerstörerischer, und irgendwann werden selbst die Republikaner in den USA merken, dass die Menschheit etwas unternehmen muss, um den Klimawandel in Grenzen zu halten.

Wir haben zwar schon die Energiewende, das Pariser Abkommen und ein paar Elektroautos, aber so ganz reicht das noch nicht, um das Ruder herumzureißen. Neue Ideen werden noch benötigt. Radikales Umdenken. Was finden wir denn so in der aktuellen Forschung?

Eine Arbeitsgruppe in den Niederlanden hat ein nanostrukturiertes Beschichtungsmaterial entwickelt, das man auf Solarzellen auftragen kann, um diese grün erscheinen zu lassen (Neder et al. 2017). Es handelt sich um einen Lichtstreuungseffekt, nicht um ein Pigment, und deshalb liegt der Lichtverlust nur bei rund 10 %, aber das ist immer noch ein Zehntel weniger Solarenergie. Die Autoren argumentieren, dass Einwände gegen die Hässlichkeit konventioneller Solarzellen deren Nutzung einschränken. Können wir erst einmal Solarzellen in angenehmeren Farben herstellen, sind alle unsere Probleme gelöst.

Allerdings bin ich noch nicht davon überzeugt, dass diejenigen, die gegen die ästhetischen Aspekte von Solarzellen oder Windrädern protestieren, den visuellen Eindruck nicht nur als Vorwand benutzen. Denen kann nur mit unsichtbaren Solarzellen geholfen werden, und auch an denen werden sie noch etwas auszusetzen finden.

Wenn die Nanotechnologie uns im Stich lässt, müssen wir uns der Natur zuwenden, denn die beherrscht diese Dinge sowieso viel besser als wir (Groß 2012). Da gibt es in der Meeresbiologie zum Beispiel eine Art von Plattwürmern namens *Symsagittifera roscoffensis* (benannt nach der Küstenstadt Roscoff in der Bretagne), welche die Umstellung auf Solarenergie schon erfolgreich bewältigt hat. Diese Würmer nehmen Algen der Art *Tetraselmis convolutae* auf und leben mit diesen in Symbiose. Die Alge versorgt den Wurm mit Energie und Nährstoffen, der Wurm bietet Wohnraum und Stickstoffverbindungen. An Sandstränden entlang der Atlantiküste, etwa in Frankreich und Irland, kann man die grasgrünen Mischformen aus Tier und Pflanze in der Gezeitenzone finden.

Die Arbeitsgruppe von Nigel Franks an der Universität Bristol hat jetzt entdeckt, dass die Würmer, ganz im Gegensatz zu Mitgliedern unserer Spezies, auf clevere Weise zusammenarbeiten, um die Nutzung der Sonnenenergie zu optimieren (Franks et al. 2016). Den Forschern war aufgefallen, dass Würmer, die sie am Strand gefunden und in eine Petrischale überführt hatten, sich wie wild im Kreise bewegten.

So ein Ringelpiez kann bei verschiedenen Tierarten vorkommen und ist oft einfach ein Versehen, das tödlich enden kann. Tierarten wie Zugraupen oder Wanderameisen, die darauf konditioniert sind, ihren Artgenossen zu folgen, marschieren manchmal so lange im Kreis herum, bis sie vor Erschöpfung sterben.

Franks Gruppe vermutete allerdings, dass der Kreisverkehr bei den Solarwürmern Teil eines durchaus sinnvollen Programms der Selbstorganisation sein könnte. Nach der Arbeitshypothese der Forscher führen elementare Wahrnehmung der Bewegung von Artgenossen im Nahbereich sowie eine genetisch bedingte Vorliebe für Rechtskurven dazu, dass die grünen Tierchen sich zu gemeinsamen Karussellfahrten zusammenfinden.

In einem weiteren Phasenübergang bei höherer Dichte bildet sich dann aus den Kreiseln ein geschlossener Biofilm, in dem alle Teilnehmer gleich viel Sonnenlicht abbekommen und sich nicht gegenseitig im Licht stehen. Gleichzeitig geben die Würmer, die über den Kreistanz zusammengefunden haben, einander Halt und können somit die Sandstrände besiedeln, auf denen normale Algen sich nicht verankern können.

Durch Beobachtung des Schwimmverhaltens der Würmer und Erstellen von Computermodellen für die Phasenübergänge von frei schwimmenden Tieren, über Kreisel bis hin zu geschlossenen Biofilmen konnten die Forscher bestätigen, dass die Daten im Einklang sind mit ihrer Vermutung, dass die Kreisbewegung einen wichtigen Schritt im Rahmen der Organisation zur effizienten Nutzung der Sonnenenergie darstellt. Merke: Organisieren muss man sich, und der Weg vorwärts kann auch im Kreis herum führen.

Krabben im Wirkstoffcocktail

Wirkstoffe sollen eigentlich in unserem Körper wirken und uns gesund und/oder glücklich machen. Dann gibt es noch die Nebenwirkungen, die uns krank machen und die auf dem Beipackzettel so detailliert aufgeführt werden müssen, dass sich empfindsame Naturen bereits nach dem Lesen schlechter fühlen.

Was nicht auf dem Beipackzettel steht, sind die Nachwirkungen, die ein Wirkstoff oder seine Abbauprodukte haben können, wenn wir sie wieder ausgeschieden haben. Und diese Nachwirkungen nehmen zu, sowohl qualitativ als auch quantitativ. Die immer zahlreicheren Pharmawirkstoffe und ihre Abbauprodukte sorgen für immer komplexere Cocktails im Abwasserstrom, die der Abwasserwirtschaft zunehmend Kopfzerbrechen bereiten.

Das Abwasser in Großstädten ist inzwischen so wirkstoffhaltig, dass Gesundheitsbehörden es nutzen können, um Statistiken über den Drogenmissbrauch zu erheben. Eine Studie in Dutzenden von europäischen Städten fand gute Nachweisbarkeit von fünf illegalen Rauschmitteln, nämlich Kokain, Amphetamin, Ecstasy, Methamphetamin und Cannabis (Ort et al. 2014). Auf diesem Wege lässt sich der real existierende Drogenkonsum inzwischen besser ermitteln als durch Umfragen oder Polizeirazzien.

Was die Fische davon halten, wenn sie in Ecstasy schwimmen, ist bisher nicht bekannt. Immerhin haben Forscher experimentell klären können, welche Auswirkungen das weltweit im Tonnenmaßstab verwendete Antidepressivum Fluoxetin (Handelsnamen: Fluctin, Prozac) auf den Gemütszustand und die Überlebenschancen von Krustentieren hat.

Joseph Peters und Kollegen an der University of California in Santa Barbara interessierten sich für die Auswirkungen von Wirkstoffen wie Fluoxetin auf die Ökologie, also darauf, wer von wem gefressen wird. Sie sammelten Krabben der Art *Hemigrapsus oregonensis* ein und hielten sie im Aquarium mit Fluoxetin-Konzentrationen von bis zu 30 Nm pro Liter, wie sie auch im Lebensraum der Tiere gemessen werden (Peters et al. 2017).

Der natürliche Fressfeind der Krabben ist der Krebs *Cancer productus*. Um diesem zu entgehen, verstecken sich die Krabben tagsüber unter Steinen und gehen nur nachts auf Nahrungssuche. Wenn sie Fluoxetin ausgesetzt wurden, verhielten sich die Krabben hingegen viel risikofreudiger und kamen auch tagsüber aus ihrem Versteck. Und das, obwohl der drohende Krebs auch an dem Experiment teilnahm. Beim Menschen ist Fluoxetin ja auch antriebssteigernd.

Auch gegenüber ihren Artgenossen wurden die Tierchen deutlich mutiger, was dazu führte, dass sie öfter in Streit gerieten und öfter durch Kampfhandlungen ums Leben kamen. So ganz glücklich werden die Krabben mit der glücklichen Pille also nicht. Möglicherweise wird der Krebs glücklicher, da ihm die Nahrungsbeschaffung leichter fällt, aber die Risiken und Nebenwirkungen für diese Art haben die Forscher noch nicht untersucht.

Was passiert, wenn sich ein Krebs nur noch von Fluoxetin-berauschten Krabben ernährt, vergisst er dann auch die lebenswichtigen Vorsichtsmaßnahmen? Und wie sieht es mit den Wechselwirkungen mit all den anderen Wirkstoffen in der Umwelt aus, die der menschliche Patient normalerweise nicht zusammen mit dem Antidepressivum nehmen sollte?

Die Herausforderung für die Wissenschaft liegt darin, dass hier zwei überaus komplexe Systeme aufeinanderprallen – das ökologische Netzwerk der Arten und der Wirkstoffcocktail in unserem Abwasser und in unseren sonstigen Emissionen wie etwa Hausmüll. Probleme mit Toxinen, die ganz allein eine oder viele Arten direkt schädigen, haben wir schon stark reduziert. Wir leiten keine Quecksilberabfälle mehr in unsere Gewässer ein (das will ich zumindest hoffen) und filtrieren auch zahlreiche andere Stoffe aus den Abwässern.

Jetzt kommen wir an die nächst schwierigere Stufe. Was können Kombinationen von Wirkstoffen anrichten, und wie sieht es mit Wirkstoffen aus, die ein Tier nicht umbringen, sondern nur sein Verhalten etwas verändern (siehe auch: Bienen und Neonicotinoide)? Die todesmutigen kleinen Krabben unter Fluoxetin-Einfluss könnten die Vorreiter eines ganzen Forschungsgebiets werden, das noch viele Fragen zu klären hat.

Auf die Mikrodosis kommt es an

In meinem Karton mit hypothetischen Buchprojekten, die bisher noch nicht zur Publikationsreife gediehen sind, findet sich auch ein versandetes Übersetzungsprojekt. Es ging um einen Chemiker, der wesentlich weniger berühmt geworden ist als das Molekül, das er als sein Sorgenkind bezeichnete. Es ging um Albert Hofmann (1906–2008) und Lysergsäurediethylamid, kurz LSD.

Ein wissenschaftlicher Verlag war damals daran interessiert, eine auf Deutsch vorliegende Monographie mit Beiträgen von und über Hofmann anlässlich seines 100. Geburtstags in englischer Übersetzung herauszubringen. Nach ersten Absprachen über Kosten und Inhalt bekam der Verlag aber offenbar kalte Füße und ließ das Projekt fallen. Zu seinem 100. Geburtstag gab Hofmann immerhin noch einige Interviews, aber insgesamt hielt sich die mediale Aufmerksamkeit in Grenzen.

Hofmann hatte ein ambivalentes Verhältnis zu seinem berühmt-berüchtigten Sorgenkind. Er glaubte, dass dessen bemerkenswerte bewusstseinsverändernden Eigenschaften in der medizinischen Forschung zum Wohle der Menschheit eingesetzt werden können und sollten. Andererseits warnte er vor der leichtfertigen Verwendung der Droge als reines Genussmittel.

Als 1971 die Drogenrichtlinien der Vereinten Nationen und vieler Mitgliedsstaaten verschärft wurden, fiel auch LSD unter harte Restriktionen, die seine Verwendung in der Forschung extrem schwierig und damit unattraktiv machten. Wie der britische Neurobiologe David Nutt belegt hat, fügte die global restriktive Drogenpolitik der Neurowissenschaft erheblichen Schaden zu (Groß 2013).

Inzwischen beginnt sich allerdings das Blatt wieder zu wenden, da die medizinische Verwendung etwa von

Cannabisprodukten vielerorts erlaubt wird. Auch LSD könnte damit wieder aus der Versenkung auftauchen.

Wie bei allem kommt es auf die Dosis an. Nach anekdotischen Berichten kann die regelmäßige Einnahme von Mikrodosen – weniger als ein Zehntel dessen, was typische Rauschsymptome auslösen würde – zu Verbesserungen in Gemütszustand und Wahrnehmungsfähigkeit führen. Doch abgesicherte Studien gibt es dazu noch nicht.

Die Arbeitsgruppe von David Olson an der University of California in Davis vermeldete nun die nach eigenen Angaben erste Studie mit Tierversuchen zur Wirkung von regelmäßigen Mikrodosen von Psychedelika (Cameron et al. 2019). So ganz trauten sich die Forscher nicht an LSD heran und verwendeten deshalb einen verwandten Wirkstoff, N, N-Dimethyltryptamin (DMT). Sicher ist sicher, wer weiß, was die Drogenpolizei zu Ratten auf LSD-Trips gesagt hätte.

Natürlich verwendeten sie auch nur einen Bruchteil (1/10) der Menge an DMT, die nötig wäre, um bei den Ratten Halluzinationen auszulösen. Das setzt andererseits voraus, dass die halluzinogene Dosis vorher bereits experimentell ermittelt wurde. Das heißt ein Nagertrip muss stattgefunden haben, aber er wird nicht an die große Glocke gehängt.

Die Forscher verabreichten den Ratten diese Mikrodosis alle drei Tage über zwei Monate hinweg. Ab der dritten Woche analysierten sie jeweils an den zwei Tagen zwischen den Wirkstoffgaben das Verhalten der DMT-Ratten gegenüber dem einer Kontrollgruppe. Sie fanden, dass der Wirkstoff möglicherweise gegen Depression, Angstzustände und Stresssymptome helfen könnte. Als arme ausgebeutete Laborratte kann man eine solche Aufhellung schon gebrauchen.

Allerdings hatte der Zehnteltrip auch Nebenwirkungen: Gewichtszunahme bei männlichen, Veränderungen an

Nervenzellen bei weiblichen Ratten. Mehr Forschung ist definitiv notwendig, um den Nutzeffekt von den Nebenwirkungen trennen zu können. Seit dem globalen Pauschalverbot von Drogen vor einem halben Jahrhundert ist Hofmanns Wundermolekül kaum aus dem Giftschrank herausgekommen. Die Wissenschaft hat auf diesem Gebiet noch viel nachzuholen.

Die Leuchte der Gegenseitigkeit

Bevor der kleine Prinz in Antoine de Saint-Exupérys berühmter Geschichte auf die Erde fiel, besuchte er sechs kleinere Planeten, die jeweils von einer Person bewohnt waren. Und jede der Personen war auf absurde Weise auf eine bestimmte Tätigkeit fixiert. Auf dem fünften Planeten fand er einen Laternenanzünder vor, der streng nach Vorschrift seine Laterne abends anzündete und morgens löschte. Sein Problem bestand darin, dass die immer raschere Rotation seines kleinen Planeten ihn zum pausenlosen Wechsel von Anzünden und Löschen verdammte.

Saint-Exupéry mag in einer Zeit gelebt haben, als das Benzin für seine Fliegerei noch in Strömen floss und man sich über fossile Brennstoffe und deren Risiken und Nebenwirkungen noch nicht so viele Gedanken machte. Unsere heutige, von einigen hervorstechenden Ausnahmen abgesehen, etwas aufgeklärtere Gesellschaft muss sich allerdings doch einige Fragen stellen zu dem Kleinplaneten mit der Gaslaterne. Allein die Kohlendioxidbilanz dürfte schon sehr unausgewogen sein, denn von Pflanzen ist in der Zeichnung des Autors nichts zu sehen. Und wo soll das Gas bitte herkommen?

Brian Harper, der sich mit dem Verein The Transition Gasketeers für den Erhalt und die zeitgemäße Nutzung der 104 verbliebenen Gaslaternen im Bereich Malvern in den britischen Midlands einsetzt, hat eine Versorgungsmethode gefunden, die auch für Einzellaternen anwendbar ist: Hundekot als Gasquelle. Dem Briten war unangenehm aufgefallen, dass Hundehalter sich zwar an die Vorschrift halten, wenn es um das Eintüten der Machenschaften ihrer Vierbeiner geht, dass aber nicht alle Tüten auch den Weg zur fachgerechten Entsorgung finden. Oft sieht man die gut verpackten Exkremente noch wochenlang an einem Ast oder Zaunpfahl baumeln.

Deshalb entwickelte Harper mit finanzieller Unterstützung des Naturparks der Malvern Hills, wo ihm dieses Problem aufgefallen war, eine Straßenlaterne mit anaerober Gärstation für Hundehäufchen. Im Gegensatz zu abstrakten Konzepten von einem Recycling, das irgendwo weit entfernt wieder etwas Nützliches produziert, soll den Hundehaltern direkt vor Ort ein Licht aufgehen. Die Anlage produziert Methan, und eine elektronische Steuerung zündet die Gaslaterne, sobald es dunkel ist und genügend Hunde ihren Beitrag geleistet haben.

Dieser Belohnungseffekt, etwa wenn die Laterne einem nach dem abendlichen Gassigehen im Winter noch heimleuchtet, solle die Herrchen und Frauchen motivieren, am Recycling teilzunehmen. Selbst die gut abgehangenen Beutel, die derzeit noch die Landschaft verschandeln, können vielleicht noch einem guten Zweck zugeführt werden.

Andererseits, wenn schon Erziehung durch Belohnung notwendig wird, dann könnte diese sich ja direkt an die Hunde richten. Wer weiß, was sich aus dem Hund-Laterne-Interface noch an interaktiven Nutzeffekten herausholen lässt. Hundchen hebt Beinchen, und die strömende Wärme wird zu wärmendem Strom.

In der erweiterten Projektphase können wir uns vorstellen, dass Marlene die Laterne vor der Kaserne besingt und die hinwiederum ihre Schallwellen auffängt und in Erhellung verwandelt. Wer spätnachts nach Hause torkelt und den Halt einer nüchternen Lichtspenderin benötigt, kann dieser im Gegenzug ein wenig Ethanol einhauchen. Und wenn wir noch die Rindviecher überreden können, ihre Gasproduktion der Straßenbeleuchtung zur Verfügung zu stellen, dann können wir den Klimawandel stoppen.

Zur Vorsicht beim Umgang mit Gaslaternen mahnt uns allerdings die Geschichte der allerersten Verkehrsampel, die vor über 150 Jahren in London vor dem britischen Unterhaus installiert wurde. Bei einer Explosion der zukunftsweisenden Signalanlage kam ein Polizist ums Leben – danach dauerte es fast ein halbes Jahrhundert, bis die Ampel für die inzwischen aufgekommenen Autos erneut erfunden wurde, diesmal in den USA.

Also empfehlen wir dem Bewohner des fünften Planeten doch lieber nicht einen Hund, sondern eher eine Solarlaterne. Wenn die Solarzelle auf der der Laterne diametral gegenüberliegenden Seite seines Kleinstplaneten angebracht wird, ist automatisch immer dafür gesorgt, dass die Laterne sich abends an und morgens ausschaltet, und der geplagte Laternenanzünder kann sich endlich ausruhen.

Schreckliche Schönheit

Seeanemonen sind trotz ihres blumigen Namens und dekorativen Aussehens keine Pflanzen, sondern Tiere, die mit den Korallen und Quallen verwandt sind. Und sie haben es in sich. Gift nämlich. Einige der giftigsten bekannten Naturstoffe werden von den farbenfrohen und blumig dreinschauenden Meerestieren hergestellt oder zumindest verwendet.

„Ist da der Notarzt? Alter, mein Freund ist grad an einer akuten Anemonisität umgefallen!"

Dies führte bereits zu einem vorhersagbaren Zusammenstoß. Aquarienfreunde, denen die üblichen Goldfische und Guppys zu langweilig werden, interessieren sich zunehmend für die farbenfrohe Welt der tropischen Gewässer. Und wenn sie dann ihr Aquarium reinigen und zum Beispiel die Steine mit kochendem Wasser behandeln, dann können sie die exotischen Giftstoffe der tropischen Blumentiere schon mal als Aerosol im Raum verteilen und inhalieren. Woraufhin sie dann mit Vergiftungserscheinungen im Krankenhaus landen.

Besonders auffällig war in den vergangenen Jahren, wie *Chemical & Engineering News* im Januar 2018 berichtete, eine Häufung der Vergiftungen mit dem Naturstoff Palytoxin, der von Dinoflagellaten (angeblich auch Panzergeißler genannt) und Weichkorallen hergestellt wird. Seeanemonen fressen Dinoflagellaten trotzdem und verwenden den Giftstoff dann zu ihrer eigenen Verteidigung.

Mechanistisch gesehen handelt es sich um ein Molekül, das die Natrium-Kalium-Pumpe, die alle unsere

Zellen besitzen, im offenen Zustand blockiert. Auf diesem Wege kann ein einzelnes Molekül eine Zelle ins Jenseits befördern, was die hohe Toxizität erklärt. In Hawaii ist der Stoff als traditionelles Speergift bekannt, wurde aber schon vor langer Zeit aufgegeben, da das Leiden der Opfer einfach zu unschön war. Gegenwärtig kämen praktische Anwendungen also höchstens für den einen oder anderen wenig zimperlichen Geheimdienst infrage.

Uns als hartgesottene Chemie-Fans erschreckt das alles natürlich nicht, wir haben ja gelernt, mit Giftstoffen umzugehen. Wirklich furchteinflößend ist allerdings die Strukturformel des Palytoxins. Mit einem Rückgrat von 115 Kohlenstoffatomen enthält es die längste aus der Natur bekannte Kohlenstoffkette, die nicht aus Aminosäuren zusammengesetzt ist. Diese ist aber keineswegs nur ein beliebiger Strang, wie im Polyethylen – sie enthält 64 stereogene Zentren. Wer eines davon falsch zusammenstöpselt, landet bei einem der 10^{21} Isomere der Substanz, aber nicht bei der biologisch aktiven. Entdeckt wurde Palytoxin im Jahre 1961, die Totalsynthese gelang verständlicherweise erst mehr als drei Jahrzehnte später.

Angesichts dieser synthetischen Herausforderung kann ich schon nachvollziehen, dass Seeanemonen die Biosynthese lieber den Einzellern überlassen. Die sind gar nicht so dumm, diese Blumentiere. Schlau sind sie auch in der Planung ihrer eigenen Giftproduktion, wie Forscher jetzt gezeigt haben.

Hatte man bisher geglaubt, dass jede Tierart ein Leben lang denselben Kampfstoff nutzt, so fand die Arbeitsgruppe von Yehu Moran an der Hebräischen Universität von Jerusalem jetzt heraus, dass die Seeanemone *Nematostella vectensis* sich im Laufe ihres Lebens umstellt (Columbus-Shenkar et al. 2018). Wenn sich die freischwimmenden Larven dagegen wehren, von Fischen gefressen zu werden, dann produzieren sie eine komplexe

Mischung von Giftstoffen, die aber nicht das bereits bekannte Gift enthält. Das ausgewachsene Blumentier hingegen ist selbst zum Räuber geworden und frisst kleine Fische und Krustentiere – auch wenn bestimmte Fischarten, darunter auch der aus dem Film *Findet Nemo* bekannte Clownfisch, mit Seeanemonen kooperieren und zwischen ihren pflanzenähnlichen Fasern Zuflucht finden.

Für ihre neue Rolle als Raubtier nutzt *Nematostella* nun ein völlig anderes Gift, das bereits charakterisierte Peptid Nv1. Dieses Neurotoxin ist in Hautdrüsen enthalten und wird bei Berührung mit einem Beutetier sezerniert, wie Yehu Moran und Mitarbeiter bereits vor einigen Jahren gezeigt haben (Moran et al. 2012).

Das ist alles faszinierend, wenn es auf dem Meeresboden oder im Labor stattfindet, aber für die Aquarienfreunde bedeutet es wohl, dass sie von der schrecklichen Schönheit der Seeanemonen etwas Abstand halten sollten.

Grünlilie mit Alarmanlage

Da die meisten Menschen nicht mehr in der Natur leben, sondern in Häusern und Städten, tendieren viele dazu, sich ein kleines Stück gezähmter Natur ins Haus zu holen, etwa in Form von Zimmerpflanzen oder Haustieren. Biophilie, so haben der Psychologe Erich Fromm und der Ameisenforscher E.O. Wilson diese menschliche Affinität zu biologischem Material genannt. Mir erscheint es eher als ein verkümmertes Relikt der sehr viel intensiveren Beziehung zur Natur, welche für unsere weniger domestizierten Vorfahren einst überlebensnotwendig war.

„Keine Sorge, Audrey hat bei ihm nur Grippeviren detektiert und desinfiziert ihn nun gründlich. In dreizehn Stunden ist er wieder frei – und fit!"

Wie dem auch sei, eines Tages diskutierte der Botaniker Neal Stewart von der University of Tennessee in Knoxville mit seiner Ehefrau, die an derselben Universität gerade einen Abschluss in Innenarchitektur absolviert hatte, und mit deren Professorin das naheliegende Thema, das alle drei verband, nämlich Zimmerpflanzen. Diese stehen einfach so im Haus herum und werden viel zu wenig gewürdigt, geschweige denn konstruktiv genutzt, fanden die Drei.

Modellpflanzen wie die Ackerschmalwand *(Arabidopsis thaliana)* sowie Nutzpflanzen wie Mais und Soja werden ja bereits in großem Umfang gentechnisch verändert (allerdings meist nicht in der EU). Zimmerpflanzen haben unterdessen ein Mauerblümchendasein geführt und blieben genetisch unverändert in ihrem Blumentopf auf der Fensterbank stehen. Das soll sich ändern, fordert das Trio aus Tennessee in einem Kommentar in der Fachzeitschrift *Science* (Stewart et al. 2018).

Im Haus gibt es ja nicht nur harmlose Natur wie Gummibäume und Stubentiger, sondern auch unsichtbare Bösewichter, die uns gefährlich werden können, wie Gliederfüßer, Pilzsporen und Viren. Solche Gefahren wollen Stewart und seine Coautorinnen mithilfe von gentechnisch verbesserten Varianten normaler Zimmerpflanzen, etwa der Grünlilie *(Chlorophytum comosum)* oder Friedenslilie *(Spathiphyllum)*, detektieren.

Für flüchtige Substanzen, die von unerwünschten Mitbewohnern ausgeschieden werden, gibt es in vielen Fällen einen molekularen Rezeptor, den Molekularbiologinnen in die Sensorpflanzen einbauen können. Als Ausgabesignal könnte zum Beispiel die Fluoreszenz eines Proteins wie GFP (Grün Fluoreszierendes Protein) dienen, das bereits in der Forschung vielfach verwendet wird und in zahlreichen Farbvarianten verfügbar ist. Sind beide Funktionalitäten erfolgreich eingestöpselt und miteinander verkabelt, dann führt die Detektierung eines gegebenen Schadstoffs zur massiven Herstellung eines solchen Fluoreszenzmarkers, der bei geeigneter (UV-haltiger) Beleuchtung dann alarmierend erstrahlt.

Angesichts der Vielzahl der möglichen Bedrohungen kommen wir natürlich mit einer einsamen Grünlilie wie der, die gerade ganz unmanipuliert vor mir auf dem Schreibtisch steht, nicht weiter. Stewart und die Innenarchitektinnen wollen uns gleich eine ganze grüne Wand ins Wohnzimmer stellen, welche die zirkulierende Raumluft umfassend analysiert (Die Nutzung einer

Klimaanlage wird in Knoxville, Tennessee, als gegeben vorausgesetzt).

Merkwürdigerweise endet die in *Science* vorgestellte Vision mit der pflanzlichen Warnleuchte, die eine Kontamination anzeigt. Damit wäre man vielleicht im 20. Jahrhundert zufrieden gewesen, aber heutzutage müssen solche Messdaten natürlich an einen Cloud-Server weitergeleitet werden. Damit die Grünlilie nicht nur die Schimmelsporen detektieren, sondern auch gleich bei Alexa das gegen dieselben wirksame Schimmelmittel bestellen kann.

Pflanzen mit Internetanschluss gibt es ja tatsächlich schon – in Bayern ist bereits das BayTreeNet online gegangen, mit 10 „sprechenden Bäumen", die sich online austauschen.

Also möglich wär's schon, aber ob's die EU genehmigt und ob die Kundschaft es haben will? Wenn an der Sache mit der Biophilie etwas dran ist, dann kann ich mir vorstellen, dass Zimmerpflanzenfans doch lieber ein Stückchen (Pseudo-)Natur im Haus haben wollen, als Turbotechnologie im Blumentopf.

WC Version 8.0

Wie erklärt man das einem Außerirdischen: Da gibt es einerseits auf unserem Planeten Milliarden von Menschen, die keinen Zugang zu sauberem Trinkwasser haben und deshalb oft in jungen Jahren an Infektionskrankheiten sterben. Und dann gibt es an anderen Orten auf demselben Planeten Milliarden von Menschen, die sauberes Trinkwasser in eine große Keramikschüssel laufen lassen, ihre Exkremente hineinplumpsen lassen und diese dann mit noch viel mehr Trinkwasser in ein komplexes Abwassersystem spülen, wo das mutwillig verschmutzte Wasser dann mit erheblichem Aufwand gereinigt werden muss, damit man es wieder in den natürlichen Wasserkreislauf entlassen kann.

„... ein unerkannte Gefahr des Wasserklosetts: Wenn fünf Milliarden wache Menschen auf der Tagseite zufällig gleichzeitig spülen, kickt der Gesamtimpuls die Erde aus ihrer Bahn..."

Wenn man das mal ganz neutral aus der Weltraumperspektive betrachtet, dann ist doch in der Entsorgung der Ausscheidungen von inzwischen sieben Milliarden Menschen ein ganz dicker Wurm drin. Die Wasserspülung war vor hundert Jahren ein Fortschritt und hat die Hygiene in den Städten der Industrieländer drastisch verbessert, aber heute sprießen Millionenstädte in

Gegenden aus dem Boden, wo sowieso schon Wasserknappheit herrscht, und in dieser Situation ist das Prinzip der Wasserspülung vielleicht nicht mehr so eine tolle Idee.

Was wir also in diesem neuen Jahrhundert und auf diesem dicht bevölkerten Planeten brauchen, ist die Toilette Version 2.0. Und wer ist der König beim Verkaufen von neuen Versionen altbekannter Produkte? Richtig, das ist Microsoft-Gründer Bill Gates. Aber wir beißen uns jetzt auf die Zunge und ziehen ihn nicht durch den Kakao, denn wenn er uns gerade mal keine neue Softwareversion aufdrängen will, ist Gates ja ein guter Mensch, der sich um die wirklichen Probleme der Welt kümmert. Um Kinder, die an Tropenkrankheiten sterben, und zum Beispiel auch um die Entsorgung der Fäkalien.

Bill Gates und seine Frau Melinda haben also mit ihrer gemeinnützigen Stiftung einen Wettbewerb ausgeschrieben für die Entwicklung einer Toilette, die preiswert ohne exorbitanten Wasserverbrauch menschliche Ausscheidungen entsorgt oder, besser noch, in nützliche Dinge wie Düngemittel oder Brennstoff umwandelt. In der Endrunde trafen sich dann acht Forschungsteams in Seattle im US-Bundesstaat Washington, um ihre alternativen Örtchen vorzuführen, und Bill Gates vergab höchstpersönlich die Preise für die besten Konzepte.

Ein besonderes Lob und einen Trostpreis von 40.000 US$ gewann das schweizerische Wasserforschungsinstitut des ETH-Bereichs Eawag für das Design einer auf den ersten Blick konventionell aussehenden Kloschüssel, die aber getrennte Abflüsse für vorn und hinten hat, also flüssige und feste Abfälle getrennt sammelt. Das Prinzip könnte man in Deutschland, wo die Liebe zur Mülltrennung schon in den Genen der Neugeborenen nachgewiesen werden kann, problemlos ab nächsten Montag einführen. Aus dem getrennt gesammelten Urin könnte man zum Beispiel Phosphor zur Düngemittelproduktion zurückgewinnen. Und auch die festen Ausscheidungen lassen sich leichter rezyklieren, wenn sie nicht mit gar so viel Flüssigkeit verquirlt sind, sagen die Schweizer.

Die Bronzemedaille und ebenfalls 40.000 US$ gewann die Universität von Toronto, Kanada, für eine Toilette, die gleich vor Ort Urin und Fäkalien sterilisiert und sowohl sauberes Wasser als auch Rohstoffe daraus gewinnt. Wie diese funktioniert, verrät uns die Gates-Stiftung leider nicht.

Silber und 60.000 US$ gingen an die Uni Loughborough in England, die aus den Ausscheidungen biologische Holzkohle, Mineralien und reines Wasser gewinnt. Obwohl, wenn wir ganz ehrlich sind, die wenigsten wohl bereit wären, das direkt aus ihren eigenen Ausscheidungen zurückgewonnene Trinkwasser auch wirklich zu trinken.

Ganz oben auf dem Siegertreppchen landete die Mannschaft vom CalTech. Diese bekam 100.000 US$ für ein Solarklo, das Wasserstoff und Elektrizität erzeugt. Als Betriebssystem wird Windows empfohlen.

Damit ist die Sache aber noch lange nicht abgespült, Verzeihung, abgeschlossen. Während die Sieger der ersten Runde vermutlich versuchen werden, Sponsoren für eine Weiterentwicklung zur Marktreife zu finden, vergibt die Gates-Stiftung weitere Forschungsmittel an andere Gruppen mit neuen Ideen.

Wie und zu welchen Produkten also unsere Ausscheidungen in Zukunft verarbeitet werden, ist im Moment noch völlig offen. Und falls Ihnen beim Brüten an einem stillen Örtchen eine geniale Idee kommt, bewerben Sie sich bitte direkt bei Bill Gates.

Nachtrag: Im November 2018 veranstaltete die Gates-Stiftung in Peking eine Ausstellung von 20 gegenwärtig aussichtsreichen neuen Toilettenkonzepten.

Besondere Beachtung fand dabei die an der Cranfield-Universität in Großbritannien entwickelte Nano-Membran-Toilette, die derzeit in Ghana erprobt wird. Also ganz im Ernst. Aber keine Angst, im Abschnitt „Gegen die Wand" geht es wieder mit Toilettenhumor weiter.

Gegen die Wand

In einem malerischen Städtchen im Burgund, wo der Beaujolais angebaut wird, soll es 1922 zu einer dramatischen Auseinandersetzung mit bürgerkriegsähnlichen Folgen gekommen sein. Der Bürgermeister, unterstützt von gottlosen Gesellen wie dem Wirt und dem Lehrer, wollte auf halbem Weg zwischen Kneipe und Kirche zwei öffentliche Pissoirs installieren lassen. Der Pfarrer und einige seiner treuesten Messgängerinnen agitierten fulminant gegen diesen Plan. Die Auseinandersetzung eskalierte, und der ländliche Frieden war dahin.

Diese provinzielle Pissoirposse hat sich der Schriftsteller Gabriel Chevallier (1895–1969) nur ausgedacht und in seinem 1934 veröffentlichten Roman *Clochemerle* in liebevoll ausgemaltem Detail beschrieben. Aber auch im wahren Leben kommt es immer mal wieder zu Auseinandersetzungen darüber, wo, wie, wann und warum Männer ihre Notdurft verrichten. Die Leserinnen mögen mir bitte verzeihen, wenn ihre einschlägigen Bedürfnisse in dieser Glosse außen vor bleiben – unter Blasendruck leidende Frauen gelten ja im Allgemeinen als leidensbereit und stehen ausdauernd in der Schlange vor dem Damen-WC, während sich die weniger zivilisierten Männer wer weiß wo erleichtern.

Der intelligente Fassadenanstrich FastAnalyte für Rotlichtviertel wird zur schärfsten Waffe der Gesundheitsbehörden im Kampf gegen Geschlechtskrankheiten

Genau dieses Problem der Wildpinkler, die Hauswände und Bürgersteige befeuchten und damit nicht gerade zu ihrem Wohlgeruch und Ambiente beitragen, beschäftigte auch die guten Bürger des Hamburger Stadtteils St. Pauli, der ja, so habe ich mir sagen lassen, ein überproportional reges Nachtleben und dem entsprechend auch verstärkten Flüssigkeitsablauf verkraften muss.

In ihrer Not besannen sich die Besitzer von regelmäßig bespritzten Flächen auf die Wissenschaft. Sie beschichteten ihre gefährdeten Außenwände mit einem besonders ausgeprägt hydrophoben Lack, der die Urintropfen vollkommen elastisch reflektiert und somit in Richtung des Emittenten, bzw. seiner Hose und Schuhe, umleitet. Die stadtteilweit von der Interessengemeinschaft St. Pauli e.V. koordinierte Aktion stand unter dem Motto „St. Pauli pinkelt zurück" und wurde auch mit einem Video auf YouTube beworben.

Das Zurückpinkeln verspricht gleich zweifache Wirkung – zum einen reichern sich keine übelriechenden Urinrückstände an der Wand an, und zum anderen dürfte es den Übeltätern die Angewohnheit austreiben. Zumindest besteht die Hoffnung auf Besserung bei denen, die noch hinreichend zurechnungsfähig sind, um zu merken, dass sie sich selbst anpinkeln. Bei manchen, die schon zu weit abgetreten sind, um die angemessene Einrichtung zu finden, dürfte sich aber der reflektive Reinlichkeitsgewinn darauf beschränken, dass sie zumindest einen Teil der emittierten Flüssigkeit in ihren Kleidern nach Hause tragen.

Ein Gewinn ist die Aktion auf jeden Fall für die Lackindustrie, die sich hier einen völlig neuen Markt in der Verbesserung des Sozialverhaltens von Nachtschwärmern erschließen kann. Bisher kannten wir nur die bescheiden kleine Fliege, die in vielen Pissoirs die Zielgenauigkeit verbessern helfen soll. Das ist ja clever und angeblich wirkungsvoll, aber es hilft dem Wirtschaftswachstum nicht auf die Sprünge.

Wenn hingegen ganze Stadtteile regelmäßig bepinselt werden, da gibt es schon Wachstumschancen und weiteren Spielraum für materialwissenschaftliche Innovationen. Intelligente Oberflächenbeschichtungen könnten zum

Beispiel nicht nur zurückpinkeln, sondern darüber hinaus auch einen akustischen und/oder visuellen Alarm auslösen oder den Trunkenbold mit pyrotechnischen Effekten ernüchtern.

In der vollvernetzten schönen neuen Welt, auf die wir uns immer schneller zu bewegen, könnten intelligent beschichtete Wände gleich den Wildpinkler photographieren, identifizieren und die Strafgebühr von seiner Kreditkarte einziehen. Eine unvorhersehbare Vielfalt der Maßnahmen hilft auch der Abschreckung, da der angehende Umweltverschmutzer niemals sicher sein kann, wie die angepinkelte Wand auf seinen Angriff reagiert.

Am umweltfreundlichsten wäre es natürlich, wie im vorigen Abschnitt bereits ausgeführt wurde, nicht nur ein ordnungsgemäßes Örtchen zu benutzen, sondern eines, das den Urin trennt und rezykliert. Denn Stickstoff- und Phosphorverbindungen sind eigentlich zu kostbar, um sie gegen eine Hauswand oder auf die eigenen Schuhe zu spritzen.

Ätherisches Nachleben

Was von uns Menschen übrig bleibt, wenn wir das Zeitliche gesegnet, die irdischen Verstrickungen gelöst und unseren letzten Statusupdate gepostet haben, ist ja klar. Futter für die Maden, ein paar Dutzend morsche Knochen, vielleicht auch nur ein Häufchen Asche.

Eine einzige Testvorführung bereitete dem 6D-Surround-Geruchskino mit drei optischen und drei olfaktorischen Dimensionen das vorzeitige Ende

Doch halt, das ist ja nur die feste Phase. Auch wenn wir nicht mehr an die unsterbliche Seele glauben, die zu himmlischen (oder höllischen) Gefilden entflattert, müssen wir eingestehen, dass unseren sterblichen Überresten flüchtige Substanzen entweichen. Je länger der Verblichene untätig herumliegt, desto deutlicher wird der kalte Hauch auch für die bloße Nase wahrnehmbar.

Verschiedene Kulturen haben eine sehr unterschiedliche Toleranzschwelle für unsere postumen Ausdünstungen. Muslime bestatten ihre Toten so schnell es irgend geht, möglichst noch am Tage des Dahinscheidens, während andere den Duft des Todes länger aushalten und selbst entfernt lebenden Verwandten noch die Chance des persönlichen Abschiednehmens ermöglichen. Die Kapsiki im Norden Kameruns und im Nordosten Nigerias führen mit den Verstorbenen sogar noch Tänze auf, obwohl (oder vielleicht: weil) in ihrer Kultur der Geruchssinn eine wichtige Rolle spielt.

Aber was, wenn nicht die Seele, ist es denn nun, das sich aus unseren verwelkten Körpern in die Lüfte schwingt? Und ist dieser chemische *spiritus mortuum* beim Menschen anders als bei den Tieren, denen die christliche Lehre ja auch keine Seele zuerkennt?

Diesen wichtigen Fragen ging die Chemikerin Eva Cuypers mit ihrer Doktorandin Elien Rosier an der Universität Löwen in Belgien nach (Rosier et al. 2015). Die Forscherinnen entnahmen Gewebeproben aus sechs menschlichen Leichen und 26 Tierkadavern und inkubierten diese sechs Monate lang in porösen Gefäßen, die sowohl den Zutritt von Luft als auch die gelegentliche Probennahme für Gaschromatographie und Massenspektrometrie ermöglichten.

Trotz der überschaubaren Zahl der Proben wuchs sich die Sache zu einem größeren Analytikprojekt aus, denn es tauchten insgesamt 452 organische Verbindungen in den Ausgasungen auf. In diesem Wust von Molekülen galt es nun, diejenigen zu identifizieren, die bei allen menschlichen Leichen, und nur bei diesen, ausdünsten. Ein solcher spezifisch menschlicher Todesduft, so die Idee hinter der Forschung, könnte kurzfristig zum Trainieren von Spürhunden und längerfristig zur Entwicklung von elektronischen Sensoren für Mordkommissionen und Katastrophenretter eingesetzt werden.

Zunächst einmal setzten die Forscherinnen ihre Hoffnungen auf Schwefelverbindungen, die sich schon frühzeitig bemerkbar machten. Allerdings verzogen sich diese Gase auch bald wieder, und es traten nicht bei allen Probanden dieselben Substanzen auf.

Dann schnupperten sie nach Estern und hatten damit mehr Glück. Sie fanden acht Substanzen (darunter vier einfache aliphatische Ester), die sowohl bei Menschen als auch bei Schweinen auftraten, aber bei keiner der anderen untersuchten Tierarten. Die Schweine sind uns also wieder einmal überraschend ähnlich – wir haben ja auch sechs Jahrzehnte lang ihr Insulin gespritzt, bevor das in nur einer Aminosäure abweichende Humaninsulin biotechnologisch zugänglich wurde. Auch manch eine implantierte Herzklappe tat vorher bereits im Stall ihren Dienst, und falls es jemals zur Transplantation von Tierorganen in menschliche Patienten kommen sollte, dann dürften diese auch vom Schwein stammen.

Also anhand dieser acht Substanzen können wir schon mal im ersten Analyseschritt Mensch und Schwein vom Rest der Tierwelt unterscheiden, selbst wenn wir den müffelnden Kadaver noch nicht zu Gesicht bekommen haben. Um unsere Artgenossen von unseren Salamilieferanten zu unterscheiden, bieten uns Rosier und Cuypers fünf Ester, die beim Schwein vorkommen und nicht beim Menschen.

Die Autorinnen räumen ein, dass diese Analysen nur vorläufige Ergebnisse darstellen – zum Beispiel wurde nur ein einziges Schwein verwendet, das vielleicht nicht repräsentativ für seine Art war, und es waren auch nicht alle menschlichen Gewebe repräsentiert.

Wenn es eine exklusiv menschliche „Seele" in den Ausdünstungen von Kadavern gibt, dann muss diese erst noch aufgespürt werden. Für alle, die von der Sonderstellung des Menschen als „Krone der Schöpfung" überzeugt sind, dürfte es unbefriedigend sein, wenn das Auswertungsverfahren über die Schritte: 1. „Mensch oder Schwein" und 2. „nicht Schwein" verlaufen muss. Für Pragmatiker ist es andererseits nützlich zu wissen, dass sie ihre Spürhunde auch mit Schweinefleisch trainieren können (Armstrong et al. 2016).

Staub? Fein!

Wenn Menschen sich fein machen, habe ich mir sagen lassen, schmieren sie sich diverse Produkte der Kosmetikindustrie auf die Haut. Wenn sie sich aus dem Staub machen, dann flitzen sie so schnell davon, dass der Staub zurückbleibt und von den atmosphärischen Turbulenzen zeugt, die sie hinterlassen haben. Aber was, wenn der Staub so fein ist, dass er in die Poren dringt und einen überall verfolgt? Feinstaub kann man nicht so leicht abschütteln, und aus dem Feinstaub machen geht auch nicht.

Aber die Kosmetikindustrie hat auch für dieses Problem eine Lösung – wer sich mit den richtigen Produkten feinmacht, ist fein heraus und lässt den Feinstaub alt aussehen, und nicht etwa die Haut. Denn darum geht es vor allem: Eine Untersuchung an 400 Frauen im Alter von 70–80 Jahren aus dem Ruhrgebiet und aus dem Münsterland hatte bereits 2010 gezeigt, dass die schmutzigere Luft im Ruhrgebiet zur rascheren Alterung der Haut führt.

Eine genaue Untersuchung der Falten und Flecken der Seniorinnen mit einer klinischen Bewertungsmethode namens SCINEXA *(score of intrinsic and extrinsic skin aging)* zeigte, dass die Ruhrgebietsluft zu zahlreicheren und tieferen Falten führte. Auch mechanistische Erklärungen gibt es dazu. Die mit den Staubpartikeln assoziierten Stickoxide dringen in die tieferen Hautschichten ein, schädigen dort Zellen. Es kommt praktisch zu Bergschäden – das kennen wir ja im Ruhrgebiet –, und die einstürzende Haut präsentiert sich dann in Faltenform. Pigmentflecken treten in schmutziger Luft auch häufiger auf.

Dass die aktuelle Luftverschmutzung zum Beispiel durch Dieselmotoren, die nur auf dem Prüfstand die Richtwerte einhalten, Zehntausende von Menschen vorzeitig unter die Erde bringt, hat bisher nur für mäßige Aufregung gesorgt. Aber wenn sie die Haut altern lässt und faltig macht, dann ist das ein ernstes Problem, gegen das wir etwas unternehmen müssen.

Da gibt es zum Glück die Schutzschicht, die man sich auf die Haut schmieren kann (aber leider nicht auf die Lungen), in Form von Anti-Feinstaub-Cremes. In den vom Smog geplagten Metropolen Asiens, so berichtete der *Spiegel* im Januar 2018, seien diese Produkte schon seit einigen Jahren beliebt, und nun erhofft sich die Industrie auch in der von Dieselmotoren verseuchten EU einen Durchbruch – und eine neue Kundschaft in jüngeren Altersgruppen, die bisher nicht für Anti-Aging-Produkte zu begeistern waren.

Auch in London, wo die für ein ganzes Jahr vorgesehenen Tage mit hoher Luftverschmutzung schon im Januar aufgebraucht werden, liegt die Antifeinstaubkosmetik voll im Trend. Der *Evening Standard* listete Ende Januar 2018 eine verwirrende Vielfalt von Optionen, darunter auch eine Laserbehandlung, die angeblich 99 % der „von der Luftverschmutzung verursachten Bakterien" abtötet. Nach diesem Gemetzel wird die Haut noch mit Infrarotlicht gesäubert und aufgefrischt. Aber bleiben wir sicherheitshalber lieber bei den zahlreichen Cremes und Tinkturen.

Über das korrekte Rezept scheint noch keine Einigkeit zu herrschen. Der *Spiegel* berichtet von gehäckseltem Molchschwanz und grünem Tee sowie diversen Blüten, Wurzeln und magnetischen Partikeln. Ob irgendetwas davon einen Effekt auf die relevanten chemischen Mechanismen hat, ist wohl noch nicht erwiesen, aber ich stelle mir vor, dass nach dem bewährten Prinzip der

Leimrute zum Fliegenfangen eine hinreichend klebrige Schicht auf den exponierten Hautflächen alle herumschwirrenden Feinstaubteilchen einfangen könnte.

Als biologisches Messgerät könnte die im Laufe des Tages etwas dunkler werdende Haut auch den Grad der Exponierung anzeigen. Selbst die Luft, die wir einatmen, könnte zumindest teilweise gereinigt werden, wenn sie an dem gut geschmierten Gesicht vorbeiströmt.

Ein Entsorgungskonzept beim Abschminken gehört natürlich auch dazu. Ob die abends entfernte, mit Schadstoffen angereicherte Schicht ins Recycling kommt oder als Sondermüll zählt, wäre noch zu erforschen. Aufpassen müssten die Feinstaubgeschützten auch, dass sie nicht versehentlich an jemand anderem kleben bleiben. Zwischenmenschliche Berührungen gibt es nur noch nach dem Abschminken – wenn wir uns buchstäblich aus dem Staub gemacht und denselben entsorgt haben.

Das Bergwerk in der Garage

Dieselfahrzeuge, die uns irgendwelche Schwindler vor Jahren als umweltschonend verkaufen wollten, erleben ja derzeit eine gewisse Kurskorrektur, die vermutlich ihren Wiederverkaufswert dem eines rostigen Fahrrads angleichen werden. Aber trotz Fahrverboten und schlechten Gewissens müssen die für den Prüfstand optimierten Alltagsdreckschleudern nicht völlig nutzlos herumstehen. Sie können immer noch als Bergwerke dienen.

Urban mining ist nämlich jetzt angesagt. Und die drei bedeutendsten urbanen Bergwerke, wo man nach Rohstoffen schürfen kann, sind elektronische Geräte, Batterien und Autos. Und damit wir auch wissen, wo sich das Buddeln am meisten lohnt, haben Maria Ljunggren Söderman von der Technischen Hochschule Chalmers im schwedischen Göteborg und Kollegen im Rahmen des von der EU geförderten Projekts Prosum eine Datenbank der urbanen Bergwerke erstellt, die Urban Mine Platform.

Auf der Urban Mine Platform können wir für 28 EU-Länder plus Schweiz und Norwegen nachschauen, wie viele Autos, elektronische Geräte und Batterien hergestellt werden, sich im Umlauf befinden und entsorgt werden müssen. Darüber hinaus erfahren wir auch, und hier wird's für ChemikerInnen spannend, welche Elemente in diesen Waren in welchen Mengen enthalten sind.

Früher mal, in den finsteren Niederungen des 20. Jahrhunderts, hätte man sich darauf verlassen können, dass ein Auto vor allem aus Stahl und ein wenig Kohlenwasserstoffen besteht, und eine Batterie vielleicht aus Blei und Schwefelsäure. Und Handys waren sowieso noch nicht erfunden. Heute ist hingegen das halbe Periodensystem im Auto und im Handy zu Gast, einschließlich einiger Elemente, die wir dort erst einmal suchen müssten, weil wir die Reihenfolge der Lanthanoide doch nicht mehr so ganz im Kopf haben.

Konkret finden wir in der Datenbank für Fahrzeuge 28 verschiedene Metalle: Aluminium, Cer, Chrom, Eisen, Kobalt, Dysprosium, Gadolinium, Gallium, Gold, Indium, Kupfer, Lanthan, Magnesium, Mangan, Molybdän, Neodym, Niob, Palladium, Platin, Praseodym, Rhodium, Samarium, Silicium, Silber, Tantal, Terbium, Yttrium und Zink. Hätten Sie's gewusst?

Obwohl die meisten dieser Elemente immer nur in kleinen Mengen eingesetzt werden, läppert es sich doch zusammen. Im Jahre 2015 enthielt Europas Fahrzeugflotte zum Beispiel rund 400 Tonnen Gold. Mit den Autos, die in einem Kalenderjahr verschrottet werden, gehen der europäischen Wirtschaft 20 Tonnen Gold verloren, die derzeit nicht rezykliert werden. Allein für dieses eine Metall, dessen Wert jedem bewusst ist, beläuft sich der

Schwund auf Hunderte Millionen Euros pro Jahr. Und das Problem wächst mit der Zeit, denn die pro Jahr neu zugelassenen Autos enthalten sogar 30 Tonnen Gold.

Gold, sagt Ljunggren Söderman, ist noch ein relativ einfaches Ziel für Recyclingbestrebungen – manche seltenere Elemente, die als kritische Rohstoffe eingestuft werden, sind schwieriger zurückzugewinnen. Und dabei sind manche von den exotischeren Metallen noch wertvoller als Gold und können durchaus im Preis anziehen, wenn die Nachfrage der Elektronikindustrie das Angebot übersteigt. Die Forscher schätzen zum Beispiel, dass sich die auf Europas Straßen herumkutschierende Menge des Lanthanoids Neodym von 2000 Tonnen im Jahre 2000 bis 2020 auf 18.000 Tonnen vervielfachen wird.

Bei Handys führt die Datenbank sogar 40 Elemente auf. Zu den bereits genannten kommen zum Beispiel Beryllium, Bismut, Erbium und Zirkon hinzu. Viele dieser Elemente müssen für den Bedarf der Elektronikindustrie eingeführt werden und gelten deshalb als kritischer Rohstoffbedarf.

Aber wie sind nun alle diese Schätze aus dem urbanen Bergwerk abzubauen? Auch wenn mancher Dieselbesitzer vielleicht den Drang verspürt, mit dem Hammer auf das von den Zeitläufen überholte Vehikel einzudreschen, dürfte diese antiquierte Abbaumethode wenig hilfreich sein.

Nützen könnte es, wenn die Hersteller des ganzen elektronischen Schnickschnacks verraten würden, wo sich die Elemente verstecken. Oder, wenn wir ein bisschen träumen dürfen – vielleicht könnten sie gleich bei der Herstellung daran denken, dass sie die kostbaren Materialien nach Gebrauch zurückgewinnen und wiederverwerten wollen. Nach dem Dosenpfand brauchen wir noch das Lanthanoidenpfand. Damit alles schön sauber im Kreis laufen kann.

Literatur

Armstrong P, Nizio KD, Perrault KA, Forbes SL (2016) Establishing the volatile profile of pig carcasses as analogues for human decomposition during the early postmortem period. Heliyon 2:e00070

Buček A et al (2015) Evolution of moth sex pheromone composition by a single amino acid substitution in a fatty acid desaturase. Proc Natl Acad Sci USA 112:12586–12591

Cameron LP, Benson CJ, DeFelice BC, Fiehn O, Olson DE (2019) Chronic, intermittent microdoses of the psychedelic N,N-dimethyltryptamine (DMT) produce positive effects on mood and anxiety in rodents. ACS Chem Neurosci. https://doi.org/10.1021/acschemneuro.8b00692

Columbus-Shenkar YY et al (2018) Dynamics of venom composition across a complex life cycle. eLife 7:35014

Franks NR et al (2016) Social behaviour and collective motion in plant-animal worms. Proc R Soc B 283:20152946

Gibbons A (2017) Biology of the book. Science 357:346–349

Groß M (2012) Von Geckos, Garn und Goldwasser: Die Nanowelt lässt grüßen. Wiley-VCH, Weinheim

Groß M (2013) Drogengesetze schaden Neurowissenschaften. Chem unserer Zeit 47:284

Hedges SB (2006) A method for dating early books and prints using image analysis. Proc R Soc A 462:3555–3573

Hedges SB (2013) Wormholes record species history in space and time. Biol Lett 9:20120926

Mata DA, Javier F, Botto JF (2009) Manipulation of light environment to produce high-quality poinsettia plants. HortScience 44:702–706

Moran Y et al (2012) Neurotoxin localization to ectodermal gland cells uncovers an alternative mechanism of venom delivery in sea anemones. Proc R Soc B 279:1351–1358

Neder V, Luxembourg SL, Polman A (2017) Efficient colored silicon solar modules using integrated resonant dielectric nanoscatterers. Appl Phys Lett 111:073902

Ort C et al (2014) Spatial differences and temporal changes in illicit drug use in Europe quantified by wastewater analysis. Addiction 109:1338–1352

Peters JR et al (2017) Prozac in the water: chronic fluoxetine exposure and predation risk interact to shape behaviors in an estuarine crab. Ecol Evol 7:9151–9161

Rosier E, Loix S, Develter W, Van de Voorde W, Tytgat J, Cuypers E (2015) The search for a volatile human specific marker in the decomposition process. PLoS ONE 10:e0137341

Stewart CN, Abudayyeh RK, Stewart SG (2018) Houseplants as home health monitors. Science 361:229–230

4

Quantensprünge der Technologie

Die Technik schreitet unaufhaltsam voran und ist in manchen Bereichen schon lange nicht mehr von Magie zu unterscheiden. Während ich als Wissenschaftsreporter den Entwicklungen hinterherhechele, bieten sie mir in meiner humoristischen Rolle viele Angriffsmöglichkeiten. Da kann ich hinterfragen, ob der Fortschritt auch tatsächlich sinnvoll ist und ob er irgendjemandem außer den Investoren etwas bringt. Informationstechnologie und Weltraumforschung kommen in diesem Zusammenhang öfter zur Sprache, aber auch angebliche Verbesserungen an Alltagsgegenständen wie Socken und Schuhen. Quantenmechanik und das Perpetuum mobile dürfen natürlich auch nicht fehlen.

M. Groß, *Tabakschwärmer, Bücherwürmer und Turbo-Socken*,
https://doi.org/10.1007/978-3-662-59303-5_4

Proquastination

Das lateinische Wort *cras* bedeutet morgen, und davon leitet sich das englische *procrastination* ab, womit man das systematische Aufschieben von wichtigen Entscheidungen oder Tätigkeiten bezeichnet. Es gibt in der angelsächsischen Literatur ganze Bücher darüber, etwa den Klassiker *Procrastination and task avoidance: A practical guide,* der schon in den 1990er-Jahren für den Diagram-Preis nominiert wurde. (Mit diesem Preis wird jedes Jahr ein merkwürdiger oder unfreiwillig komischer Buchtitel des englischsprachigen Markts ausgezeichnet – der Band *How to Avoid Huge Ships* (Rickett 2008) bietet einen Rückblick auf die ersten 30 Jahre.)

Dem deutschen Wesen ist das Aufschieben natürlich so völlig fremd, dass es keine passende Übersetzung für *procrastination* gibt. Deshalb fällt es uns auch schwer, das Phänomen zu verstehen, das Quantenmechaniker Seth Lloyd in einem Kommentar in Science als Quantenprokrastination (ich deutsche das jetzt einfach mal ganz frech ein) bezeichnet hat. Als Kurzfassung bietet Lloyd auch den Neologismus *proquastination* an (Lloyd 2012).

Im Prinzip handelt es sich dabei um ein Gedankenexperiment in der Tradition von Schrödingers Katze, das den Welle-Teilchen-Dualismus des Lichts belegen soll. Zwei Arbeitsgruppen haben nun den bereits 1978 von John Archibald Wheeler formulierten Ansatz (Wheeler 1978) in experimentelle Realität umgesetzt und wieder einmal gezeigt, dass wir wirklich in der Quantenwelt leben und dass diese sich wirklich jedem Versuch, sie zu verstehen, widersetzt.

Hier ist die grundlegende Idee – soweit ich sie verstehe, also keine Angst, wir tauchen nicht sehr tief in die Quantenmechanik ein! Licht wird mit einem Strahlteiler in zwei Komponenten gespalten, die in verschiedene Richtungen weiterreisen, dann von Spiegeln reflektiert werden und auf einem zweiten Strahlteiler wieder zusammenfinden.

Schickt man ein einzelnes Lichtquant (Photon) auf diese Reise und dieses verhält sich als Teilchen, so kann es nur den einen oder den anderen Weg einschlagen. Verhält es sich hingegen als Welle, so kann es beide Wege gleichzeitig einschlagen und dort, wo die beiden Wege sich wieder treffen, mit sich selbst interferieren.

Wenn an diesem Ort der Wiederbegegnung ein zweiter Strahlteiler steht, dann ist es egal, ob Welle oder Teilchen ankommt, alle werden in dieselbe Richtung weitergeleitet. Wenn dieser jedoch nicht vorhanden ist, dann kann man experimentell zwischen Welle und Teilchen unterscheiden.

Der Witz mit der Quantenprokrastination ist nun der, dass die Arbeitsgruppen die Entscheidung, ob der zweite Strahlteiler wirksam ist oder nicht, mit einem anderen Quantenzustand verschränkten. Die Messung dieses mit der Wirkung des Strahlteilers verschränkten Zustands stellten die Forscher erst an, nachdem das relevante Licht diesen bereits passiert hatte.

In der Quantenwelt kann man also eine Entscheidung auch so lange aufschieben, bis es bereits zu spät ist, und sie beeinflusst dann dennoch – sozusagen rückwirkend – das Versuchsergebnis. Allerdings ist das auslösende Ereignis natürlich keine freie Entscheidung des Experimentators in dem Sinne, dass man auswählen könnte, ob der Strahlteiler wirksam ist oder nicht. Es ist lediglich eine Entscheidung, welche die Forscher indirekt durch die Messung des Quantenzustands des verschränkten Systems erzwingen (ohne sie beeinflussen zu können).

Seth Lloyd spekuliert, dass man, sobald man Methoden besitzt, den verschränkten Quantenzustand zu speichern, ohne ihn zu messen, tatsächlich ein in der Vergangenheit, etwa am vorigen Tag, ausgeführtes Experiment rückwirkend beeinflussen könnte.

Daraus kann man aber leider nicht ableiten, dass man auch dann eine Steuerrückzahlung bekommt, wenn man das Formular erst nach der Frist abgeschickt hat. Auch wenn man sich nach einem Wettbewerb retrospektiv entscheidet teilzunehmen, kann man in der makroskopischen Welt nicht mehr gewinnen.

Wenn Sie weitere Verständnishilfe benötigen, kann ich leider nicht helfen, ich muss ganz dringend prokrastinieren (ich weiß wirklich nicht, wie die deutsche Sprache über Jahrhunderte ohne dieses Wort überleben konnte!) und im Internet nach lustigen Videoclips suchen.

Einen kleinen Hinweis habe ich noch – wenn jede Quantenentscheidung das Universum in zwei Versionen spaltet, also zum Beispiel eine Version, wo der Strahlteiler wirkt, und eine, in der er nicht wirkt, dann wird alles relativ einfach. Diese Interpretation der Quantenmechanik benötigt, wie ein schlauer Mensch anmerkte, nur wenige Annahmen, aber dafür ziemlich viele Universen. Dazu mehr im Abschnitt „Quantenkubismus".

Quantenkubismus

Am Anfang des 20. Jahrhunderts erlitten die Physiker jener Zeit einen traumatischen Schock. Sie hatten gerade ihr Weltbild fein säuberlich zusammengefügt und glaubten, nur noch die hinteren Kommastellen ihrer Naturkonstanten präzisieren zu müssen, und dann kamen die Quanten und machten alles kaputt. Im Reich der subatomaren Teilchen gab es auf einmal Ereignisse, die niemand vorausberechnen konnte, die rein stochastisch stattfanden, aber dennoch über größere Entfernungen voneinander zu wissen schienen.

„Die überraschend entdeckte ‚Weinende Frau mit halbtoter Katze´ ordnen wir einer völlig neuen quantenkubistischen Periode von Picasso zu."
„Sensationell!"

Den Pionieren der Quantenmechanik gingen ihre eigenen revolutionären Erkenntnisse manchmal gehörig gegen den Strich, was mit weithin bekannten Zitaten belegt ist, von Einsteins „Gott würfelt nicht" und „spukhafter Fernwirkung" bis hin zu Richard Feynmans „Wer glaubt, die Quantentheorie verstanden zu haben, hat sie nicht verstanden."

Im Laufe der Zeit entwickelten sich mehrere konkurrierende, mehr oder weniger exotische Erklärungsansätze, welche die Paradoxien der Quantenmechanik zu umschiffen versuchten. Den größten Unterhaltungswert von diesen hat die Theorie der multiplen Universen, die vorsieht, dass sich bei jedem Quantenereignis, das stochastisch zu verschiedenen Ergebnissen führen kann, das Universum in zwei Tochteruniversen aufspaltet, welche die beiden Möglichkeiten repräsentieren.

Wer an diese Erklärung glaubt, muss sich nicht mehr mit Schrödingers halbtoten Katzen herumschlagen. Es gibt ein Universum, in dem die Katze lebt, und irgendwo anders ein Paralleluniversum, in dem die Katze tot ist. Viele Physiker mögen diese Erklärung, weil sie leicht zu formulieren ist und weil sie nicht die Rechnung für den exponentiell anwachsenden Verbrauch an Universen bezahlen müssen. Persönlich finde ich die Theorie tröstlich. Sollte ich einmal unter einen Bus geraten oder von einer Klippe stürzen, so gibt es sicher noch zahlreiche Parallelexemplare von mir, die in anderen Universen weiterleben. Und die Welt der Science-Fiction hat diese Anregung auch dankbar angenommen und in vielfältiger Weise weiterentwickelt.

Nun hat der Atomphysiker Hans Christian von Baeyer (Urenkel des Chemie-Nobelpreisträgers Adolf von Baeyer) in *Spektrum der Wissenschaft* „Eine neue Quantentheorie“ erläutert (von Baeyer 2013), welche die ganzen Probleme mit kollabierenden Wellenfunktionen, spukhaften Fernwirkungen und der Inflation der Universen beseitigen soll.

Es handelt sich um den sogenannten Quanten-Bayesianismus, kurz und griffig auch QBismus genannt. Das wird genauso ausgesprochen wie Picassos Kubismus – vielleicht gibt es ja für seine aus mehreren Perspektiven gleichzeitig gemalten Gesichter auch eine quantenmechanische Erklärung? Dahinter steckt die bayesianische Wahrscheinlichkeitstheorie, welche die Erwartung des Beobachters formalisiert und damit auch Abschätzungen für Ereignisse ermöglicht, die man nicht wie einen Münzwurf so lange wiederholen kann, bis man genügend statistische Daten hat. Diese Theorie hat der QBist Christopher Fuchs mit der Born'schen Regel verknüpft. Dem QBismus zufolge stellt die Wellenfunktion der Quantenmechanik keine physikalische Realität dar (etwa eine Überlagerung einer lebenden und einer toten Katze), sondern lediglich die Wahrscheinlichkeit, mit der ein Beobachter ein bestimmtes Ergebnis wahrnimmt.

Das hört sich ganz logisch an, aber wenn wir mal ganz ehrlich sind und in den Abgründen unserer Seelen nachgraben, haben wir Chemikerinnen und Chemiker (zumindest diejenigen, die in meinem Haus leben) die Quantenmechanik im Zusammenhang mit der wirklichen Welt schon immer so oder so ähnlich aufgefasst. Und eine ähnliche Reaktion war auch in zwei Leserbriefen im folgenden Januarheft von *Spektrum der Wissenschaft* nachzulesen.

Natürlich haben wir auch zu Unterhaltungszwecken die exotischeren Theorien mit ihren multiplen Universen und halbtoten Katzen savouiert. Aber wenn ich als Chemiker die Quantenmechanik als Werkzeug benutze, dann erwarte ich, dass sie mir etwas über Wahrscheinlichkeiten meines Versuchsausgangs sagt und nicht darüber, was in anderen Universen vorgeht.

Das ist natürlich von meiner Seite kein tiefschürfender Einblick in die innersten Geheimnisse des Universums, sondern reiner Pragmatismus. Also freuen wir uns, dass diese einfache und plausible Sichtweise jetzt auch für Physiker erlaubt ist und sogar einen witzigen Namen gefunden hat.

Ein höchst mysteriöser Mechanismus

Sollten Sie auf dem Dachboden eines alten Hauses etwas wie eine Retorte oder eine Tiegelzange finden, so können Sie aus der Form des Geräts direkt auf seine Funktion schließen. Archäologen machen das routinemäßig. Ein ovales, fest verankertes Steinbecken ohne Abfluss? Na klar, darin haben die ersten Landwirte ihre Körner gemahlen.

„Das sieht tatsächlich nach einer heiligen Schrift aus."

Auch den komplexeren Gerätschaften aus den Jugendjahren der modernen Wissenschaft sieht man meist noch an, wozu sie gut sind. Linsen zum Hindurchschauen, Spulen für Magnetfelder, Hebel und Zahnräder zur Bewegungsübertragung und -verstärkung und Kupferkabel für elektrische Verbindungen. Selbst in komplizierten Mechanismen wie Uhren kann man sich genau anschauen, wie alles funktioniert. Sogar den hochkomplizierten Antikytheramechanismus aus dem ersten vorchristlichen Jahrhundert, der in 82 korrodierten und verklumpten Fragmenten geborgen wurde, hat die Wissenschaft inzwischen enträtselt.

Bedauern muss man hingegen die Archäologinnen, die nach der Apokalypse und dem Totalverlust unserer elektronisch gespeicherten Daten in einigen Jahrhunderten versuchen werden, die Überreste unserer Zivilisation zu verstehen. Die wichtigsten Werkzeuge scheinen Plastikkästen mit Glasscheiben gewesen zu sein, aber wie diese funktionierten, werden die postapokalyptischen Forscherinnen ohne Elektronenmikroskop kaum herausfinden können.

Ausgrabungen am Standort des Large Hadron Collider (LHC) bei Genf dürften zukünftige Erben Heinrich Schliemanns völlig zur Verzweiflung treiben. War dies eine unterirdische Stadt? Eine hochentwickelte Energiequelle? Diente es der Kommunikation mit Lebewesen von anderen Sternen?

Vor ähnlichen Rätseln stand auch das Kollegium des Augsburger Holbein-Gymnasiums als dort ein wissenschaftliches Instrument unbekannter Funktion entdeckt wurde. Das mysteriöse Kombigerät hat mechanische, optische und elektromagnetische Komponenten: Es weist zwei Wasserwaagen, einen Winkelkranz, ein Objektiv, ein Pendel, zwei Spulen und einen Stromanschluss auf. Es besitzt entfernte Ähnlichkeit mit dem Magnetometer, das der Mathematiker und Landvermesser Carl Friedrich Gauß im Jahre 1832 erfunden hatte. Der Name des Erbauers ist eingraviert, er hieß Johann Michael Ekling und wirkte um 1900 in Wien, wo er unter anderem Telegraphen baute.

Niemand konnte bisher die Funktion des Instruments erklären, und deshab schrieb die Schule zusammen mit der acatech – der Deutschen Akademie der Technikwissenschaften – einen Wettbewerb aus. Wer die nach Meinung von Experten vom Deutschen Museum vernünftigste Erklärung bis zum 31. Dezember 2013 einreichte, sollte den Preis von 1000 EUR gewinnen.

Ich würde darauf tippen, dass da jemand die Neigung des Erdmagnetfelds gegenüber der Horizontalen und die Lage der magnetischen Pole ganz genau wissen wollte und das Gerät für diesen Zweck als Einzelstück bauen ließ. Vielleicht wollte der Erfinder sogar eine frühzeitige Energiewende vollführen und aus dem Erdmagnetismus Strom abzapfen? Aber wenn es so einfach wäre, dann wäre schon jemand drauf gekommen und es gäbe es jetzt kein Preisrätsel.

Vielleicht ist es auch ein Fehler, sich vom heutigen wissenschaftlichen Weltbild leiten zu lassen und nach rational erscheinenden Lösungen zu suchen – vielleicht wollte der Auftraggeber mit den Geistern seiner Vorfahren telefonieren oder mit den kleinen grünen Männchen auf dem Mars? Vielleicht wollte er das Gerät auch nur als Strunzobjekt in seinem Salon zur Schau stellen, um sagen zu können: „So ein Instrument haben Sie bestimmt noch nie gesehen, mein lieber Kollege!" – und dann einen endlosen Vortrag über ein frei erfundenes Wissensgebiet zu halten. Die Möglichkeiten sind grenzenlos, also machen Sie mit!

Nachtrag: Die Ausschreibung erhielt mehr als 200 Antworten. Die Jury kam zu dem folgenden Schluss:

> „Das Technikfundstück am Augsburger Holbein-Gymnasium diente der Messung elektrischen Stroms. Es handelt sich dem Funktionsprinzip nach um ein

Galvanometer. Das Gerät wurde von Johann Michael Ekling gebaut, der in Wien eine feinmechanische Werkstatt betrieb und physikalische Geräte anfertigte. Umbauten belegen, dass das „Dingsda" im Laufe seiner Existenz für unterschiedliche Zwecke und Messtechniken verwendet wurde. Der „Turm" wurde beispielsweise nachträglich hinzugefügt. Diese Veränderungen waren deshalb die besondere Herausforderung für eine angemessene Erklärung. Die Forscherinnen und Forscher mussten durch die technikhistorische Brille blicken und die „Biographie" des Fundstücks erhellen."

Zwei Physiker teilten sich den Preis für die beste wissenschaftliche Erklärung des Geräts. Drei Schülerinnen des Holbein-Gymnasiums erhielten ebenfalls Preise für ihre Beiträge.

Von der unerträglichen Tragbarkeit des Seins

Manche Zukunftstechnologien bleiben immer in komfortablem Sicherheitsabstand von mindestens 10–15 Jahren in der Zukunft. So hat sich zum Beispiel die Wartezeit auf die erste Marsmission mit Probenrückführung in den letzten zwei Jahrzehnten nicht verkürzt. Auch die Besiedelung anderer Planeten und die Reise zu anderen Sternen ist nicht näher gerückt, ebensowenig wie die fliegenden Autos.

Andere technologische Neuerungen kommen hingegen immer schneller auf uns zugestürzt, ohne uns zu fragen, ob wir sie eigentlich haben wollten. So geht es auch mit Google Glass, dem Computer in Gestalt eines Brillengestells, der alles filmt, was die Trägerin desselben vor

Augen hat, und es im Zweifelsfall auch gleich ins Netz stellt. Tausend Prototypen des Geräts sind angeblich schon im Umlauf. Vielleicht ist dies das erste Anzeichen dafür, dass wir offiziell gerade in die Science-Fiction-Realität eingetreten sind.

Das schon vor zehn Jahren viel diskutierte Prinzip der am Körper oder in der Kleidung zu tragenden Computer nennt man *wearable computing* (Borchard-Tuch und Groß 2002), was nicht so einfach als „tragbar" zu übersetzen ist, denn tragbar war auch mein Laptop von 1990, und sogar der Schwarzweißfernseher, der 1972 in die Familie kam. Gesucht wird also weiterhin ein Wort für am Körper tragbare Technologie (auch wenn wearable computer inzwischen im Duden angekommen ist).

Fitnessfanatiker können bereits diverse Armbänder tragen, die ihre Körperfunktionen messen und vorsichtshalber gleich unverschlüsselt herausfunken – vielleicht wollen die Nachbarn ja meine Pulsfrequenz auch wissen. Schlafsensoren könnten zumindest für Einbrecher nützlich sein. Auch Schlaufon-Apps können schon Schritte zählen und gegen die gegessenen Kalorien verrechnen. Gewichtsverlust ist dabei allerdings nicht garantiert, in dieser Frage haben nämlich die Darmbakterien noch ein paar Worte mitzureden.

Bei so viel tragbarem Fortschritt müssen wir natürlich aufpassen, dass die Analytik nicht ins Hintertreffen gerät. Wenn man von Informationstechnologie bis Fitnessüberwachung alles in situ und auf dem Sprung erledigen kann, dann sollte das doch auch für (bio)chemische Analysen möglich sein.

Die Hypochonder dieser Welt benötigen dringend ein Taschentuch, das ihnen mitteilen kann, ob die schniefende Nase nur auf eine jahreszeitliche Erkältung oder eine Vogelgrippe mit bedrohlich klingenden H- und N-Ziffern zurückzuführen ist. Und wer im Sommer zum Badesee pilgert, kann dann erst mal einen Zipfel eintauchen, um zu testen, ob das Wasser auch sauber ist.

Der Erfüllung dieser berechtigten Wünsche widmete sich das Projekt Taschentuchlabor, das unter anderem vom Bundesforschungsministerium im Rahmen der Initiative „Spitzenforschung und Innovation in den neuen Ländern" gefördert wurde.

Vierzehn Partner aus Industrie und Wissenschaft mit Schwerpunkt in der Region Berlin-Brandenburg – darunter die Charité in Berlin und mehrere Institute in Potsdam – entwickeln eine „molekular integrierte Analyse, die sich in einen Zwirnfaden einspinnen und in Textilien oder Hygienetüchern verarbeiten lassen soll", so verspricht uns die Website. Nützlich werden soll das Taschentuchlabor vor allem einer unkomplizierten und frühzeitigen Infektionsdiagnostik. Die Laufzeit des Projekts ging bis September 2014 – allerdings sind mir die diagnostischen Taschentücher bis jetzt noch nicht begegnet, vielleicht dauert es doch etwas länger, wie mit den Marsmissionen.

Wie mir das Taschentuch dann, wenn es eines Tages existiert, seine Befunde mitteilen wird, ist mir noch nicht ganz klar. Ich will nur hoffen, dass Google nicht bei dem Projekt einsteigt, denn dann ist es es mit dem Arztgeheimnis vorbei und meine Befunde stehen gleich im Netz, direkt neben dem Live-Stream aus der Google-Brille und Anzeigen für privat zu zahlende Medikamente oder Behandlungen.

Vermutlich gehört das alles zu der schönen neuen Welt, in die wir hineinschlittern, aber vielleicht sollten wir ab und zu mal eine Pause einlegen und darüber nachdenken, welche Art von Fortschritt wir eigentlich tragbar finden und welche nicht.

Das Jahr der Erleuchtung

Licht ist lebenswichtig. Sie können diese Seite selbstverständlich nur deshalb lesen, weil sie Licht reflektiert, das in den Rezeptorzellen Ihrer Netzhaut zuerst in chemische und erst dann in elektrische Signale umgewandelt wird. Unterdessen atmen Sie Sauerstoff, der aus der Photosynthese der Pflanzen hervorgeht, ebenso wie die Nahrung, die Sie mit demselben oxidieren.

Wenn Sie jetzt noch hinreichend wach und bei Sinnen sind, um meinen tiefschürfenden Ausführungen zu folgen, dann verdanken Sie dies unter anderem auch Ihrer inneren Uhr, die sich an der Tageshelligkeit orientiert und nicht nur unseren Schlafzyklus, sondern zum Beispiel auch unseren Stoffwechsel im 24-h-Takt reguliert.

Zu den Risiken und Nebenwirkungen der inneren Uhr gehören der Jetlag, den die Evolution nicht vorhersehen konnte, sowie die Winterdepression, die in den tropischen Lebensräumen unserer entfernteren Vorfahren auch nicht existierte. Da unsere innere Uhr täglich die prognostizierte Tageslänge mit der gemessenen vergleicht, merkt sie, wenn die Tage kürzer werden, und veranlasst einige hormonelle Umstellungen, die möglicherweise ebenso wie bei Tieren, die Winterschlaf halten, dem Energiesparen dienen. Der Lichtmangel im Winter trägt vermutlich auch direkt dazu bei, dass sich zu dieser Jahreszeit gewisse Glückshormone rar machen. Zumindest ist es erwiesen, dass gegen den Winterblues vor allem eines hilft: mehr Licht.

Der menschliche Organismus macht also im Normalbetrieb, sogar in den dunklen Wintermonaten, auf drei verschiedene Weisen vom Licht Gebrauch, als Informationsträger, als Energielieferant und als Zeitsignal. Im Sommer kommt als vierter Nutzen noch die Synthese von Vitamin D in der Haut hinzu. In allen diesen Fällen wird das Licht erst wirklich nützlich, wenn es chemische Reaktionen auslöst.

Das Jahr 2015 war unter anderem auch, laut UNESCO, das internationale Jahr des Lichts (http://www.light2015.org/). Außerdem war es das internationale Jahr des Bodens (http://www.fao.org/soils-2015/en/) und in Schottland das Jahr des Essens und Trinkens.

Was bietet uns das Lichtjahr der UNESCO? Überwiegend feiern die Welt-Lichtbringer die Physik des Lichts und deren Anwendungen. Einstein (100 Jahre allgemeine Relativitätstheorie), Astronomie, Laser, Kommunikationstechnologie, Spektroskopie. Ist ja alles schön und wichtig, aber, wie gesagt, ohne Chemie hätten wir alle nichts davon.

Unter der Überschrift „Light in Life" finden wir eine kurze Erwähnung der Photosynthese, und dann sind wir wieder bei der optischen Technologie, von Laser bis Photonik, und auch der Sehprozess wird nur im Vorübergehen erwähnt.

Unter „Light in Nature" ist die Photosynthese eines von mehreren interessanten Naturphänomenen neben dem Regenbogen und der *Aurora borealis.* Sie ist wichtig für alle Lebewesen und schrecklich kompliziert, erfahren wir. Ende der Durchsage. Biolumineszenz konnte ich auf der ganzen Lichtjahres-Website bisher nicht finden, dabei ist dieses Naturphänomen nicht nur faszinierend, sondern auch nützlich in der biomedizinischen Forschung, man denke nur an die Luciferase der Glühwürmchen und an das grün fluoreszierende Protein (GFP) der Qualle *Aequorea victoria,* dessen Entdeckung im Jahre 2008 mit dem Nobelpreis ausgezeichnet wurde.

Wir sind als ChemikerInnen ja sehr großzügig veranlagt und lassen auch gerne den strahlenden Physikerkollegen Stefan Hell einen Chemie-Nobelpreis in seinen bereits gut bestückten Trophäenschrank stellen, da er uns geholfen hat, mehr Licht in den Nanokosmos zu bringen bzw. Information aus diesem herauszuholen. Aber so ganz unter den Scheffel stellen wollen wir unseren Bunsenbrenner denn doch nicht. Also, liebe Lichtgestalten von der UNESCO, ein kleiner Hinweis für das nächste Lichtjahr: Um Licht und Leben wirkungsvoll zu verbinden, braucht Ihr wenigstens ein bisschen Chemie!

Grüne Straße in die Zukunft

Ein Vierteljahrhundert ist bereits vergangen, seit der erste Bericht des internationalen Klimarats IPCC die Welt vor der kommenden Klimakatastrophe warnte. Energiewende und Klimakonferenzen hin oder her, global gesehen ist eine Abwendung von fossilen Brennstoffen bisher nicht zu erkennen. Die Vulkaninsel El Hierro – eine der weniger überlaufenen kanarischen Inseln und der südwestlichste Punkt Europas – hat bereits ihre Elektrizitätsversorgung komplett auf erneuerbare Energien umgestellt und will als Nächstes das Transportwesen ins Reine bringen. Aber der Rest der Welt ist noch lange nicht so weit.

„Für solche Umweltverbrecher benutzen wir einen CO2-neutralen Algenteer – und selbstverständlich Federn von unseren freilaufenden Hühnern!"

Wenn es dann irgendwann doch noch klappt, in hundert oder zweihundert Jahren, wenn Hamburg, New York und Bangladesch unter Wasser stehen und die Menschheit es endlich schafft, das Verbrennen fossilen Kohlenstoffs definitiv zu unterlassen, wenn die kohlenstoffneutrale Antriebstechnik nicht nur für Autos, sondern auch für Flugzeuge und Raumsonden perfektioniert ist, dann bleibt noch eine Frage: Aus welchem Material sollen dann die Straßen gebaut werden, auf denen unsere Fahrräder und Solarautos rollen werden?

Der heute so beliebte Asphalt benutzt ja Bitumen, den klebrigen Rückstand aus Erdölraffinerien, um Gesteinskörnchen zusammenzukleben. Wenn wir kein Erdöl mehr raffinieren, fällt auch kein Bitumen mehr an. Beton ist auch nicht gerade klimafreundlich. Plastik machen wir auch aus Erdöl. Also: Was dann?

Ein bunter Haufen von Forscherinnen und Forschern aus diversen Einrichtungen im vom Atlantik umspülten Westen Frankreichs hat nun möglicherweise eine Lösung für dieses zukünftige Problem gefunden. Die in Nantes, Saint-Nazaire und Orléans beheimateten Arbeitsgruppen haben die Rückstände von einzelligen Algen, die nach der Extraktion von Biomolekülen für die Kosmetikindustrie anfallen, einer Hydrothermalbehandlung bei Temperaturen von 260 bis 300 °C unterworfen.

Vermutlich waren sie ursprünglich nicht gezielt auf der Suche nach dem Straßenbelag der Zukunft, aber sie fanden heraus, dass diese Behandlung zu einem klebrigen schwarzen Produkt führte, dessen rheologische Eigenschaften denen von Bitumen bemerkenswert ähnlich sind. Konkret erwartet man von Bitumen, dass es oberhalb von 100 °C flüssig ist, im Bereich von –20 bis +60° hingegen viskoelastisch und dass es an anorganischen Granulaten festklebt wie Pech und Schwefel – oder eben wie Bitumen. Genau diese Bedingungen konnten die Algenrückstände nach genau austarierter Hitzebehandlung perfekt erfüllen (Audo et al. 2015).

Wenn also die behandelten Rückstände sich wie Bitumen verhalten, warum soll man damit keine Straßen bauen können? (Die Verwendung von Abfällen im Straßenbau hat auch über das Bitumen hinaus bereits Tradition. Hier in Großbritannien soll es ganze Autobahnen geben, deren Fundamente mit unverkauften Büchern unterfüttert sind. Als Autor wird mir bei diesem Gedanken immer ganz schwummerig.) Im nächsten Schritt müssen die glücklichen Eltern des grünen Asphalts, der womöglich den Weg in die Zukunft pflastern wird, noch die Alltagstauglichkeit des Biobitumens unter Beweis stellen. Bleibt der Algenasphalt auch noch viskoelastisch, wenn alle zwei Minuten ein Lkw darüberrollt?

Übersteht das grüne Pflaster den Härtetest, dann könnte es womöglich schon bald zum Einsatz kommen, glauben die Autoren. Immerhin ist das Cracken der schweren Komponenten des Rohöls, aus denen traditionelles Bitumen besteht, je nach Ölpreis auch eine wirtschaftlich attraktive Option. Wenn diese konkurrierende Nutzung die Preise des Bitumens hochtreibt, könnte das Algenprodukt schon bald am Markt eine Chance erhalten. Obwohl das in der gegenwärtigen Situation dem Klima wohl eher nicht hilft.

Das geförderte Erdöl richtet einerseits weniger Schaden an, wenn es in inerter Form zu Infrastruktur verbaut wird, als wenn es verbrannt wird. Zum anderen tendieren neue Straßen, selbst wenn sie mit Biobitumen gebaut werden, dazu, mehr Verkehr zu ermöglichen. Und der wird heute noch überwiegend durch Verbrennungsmotoren angetrieben, die fossile Brennstofe verheizen. Es kann also noch eine Weile dauern, bis die „grüne Straße“ uns tatsächlich einen Weg in eine nachhaltigere Zukunft weisen kann.

Socken mit Katalysator

Ein gut gereifter Käse hat seine ganz eigene Geruchsnote, und die kann auch gerne mal etwas strenger ausfallen. Wenn der kräftig käsige Duft allerdings aus den Socken eines Sitznachbarn im Zug aufsteigt, dann werden die meisten das weniger goutieren. Was also lässt sich dagegen tun?

Viele Sportlerinnen (und sogar manche Sportler) schwören schon seit Jahren auf eine Errungenschaft der neueren Zeit, die in ihre Kleidung eingewobenen Silbernanopartikel. Die haben eine antimikrobielle Wirkung, und die Mikroben sind ja – ebenso wie beim Käse – für die Geruchsstoffe verantwortlich. Je nach Größe und Dosis können Silbernanopartikel toxisch und umweltschädlich sein, aber zumindest eine unlängst erschienene Studie findet, dass sie gar nicht so schlimm sind (Reed et al. 2016). Also werden sie wohl auch weiterhin Schweißbakterien bremsen dürfen.

Das ist natürlich eine sehr unspezifische und für uns als Chemiker unbefriedigende Methode. Schließlich kommt der Geruch ja nicht durch Magie zustande, sondern durch Moleküle, und mit denen könnten wir ja vielleicht etwas anfangen.

Den ersten Schritt zu einer konstruktiven Bekämpfung der Käsefüße leistete die Arbeitsgruppe von John Dean an der Northumbria University in Newcastle, im Norden Englands, mittels einer analytischen Technik, die so fortgeschritten ist, dass sie nicht nur einen, sondern gleich vier Bindestriche benötigt, drei lange und einen kurzen: „Static headspace – multi-capillary column – gas chromatography – ion mobility spectrometry (SHS-MCC-GC-IMS)". Insbesondere der statische Kopfraum zu Beginn dieses Wortungetüms erweckt bei Analytiklaien schon fast den

Eindruck, als hätte jemand noch etwas anderes inhaliert als nur den Duft getragener Kleidung.

Aber zur Sache. Dean und seine Mitarbeiter analysierten verschwitzte Socken und T-Shirts parallel mit der Bindestrichtechnologie und mit menschlichen Nasen und identifizierten sechs Moleküle, die sie für den Gestank verantwortlich machen (Denawaka et al. 2016). Da haben wir einmal die Buttersäure, na klar, die darf nicht fehlen, wenn es um üble Gerüche geht. Dann zwei organische Sulfide, einmal das Dimethyldisulfid (CH_3-S-S-CH_3), bekannt als Geruchsstoff der Stinkmorcheln, sowie das Dimethyltrisulfid (mit einem Schwefelatom mehr in der Kette), das auch sonst eine gefragte Geruchskomponente ist, etwa beim Limburger Käse, und auch bei der Zersetzung menschlicher Kadaver in Erscheinung tritt (siehe Abschnitt „Ätherisches Nachleben"). Die übrigen drei Angeklagten sind Methyl-Ketone mit sieben bis neun Kohlenstoffatomen, also 2-Heptanon (bananiger Geruch), 2-Octanon („blumig-grün" meint Wikipedia in einem Anfall von Synästhesie) und 2-Nonanon (apfelähnlich).

Dass die Forschung diese sechs molekularen Stinkstiefel jetzt mit Namen und Strukturen kennt, hat natürlich eine unmittelbare Anwendungsperspektive. Mit dieser Information können Forscher die Wirksamkeit von Waschmitteln und auch von bestimmten Arten von Waschgängen (zum Beispiel mit verschiedenen Temperaturen, Dauer etc.) bei der Geruchsbekämpfung objektiv messen, was Dean und Kollegen auch gleich in Angriff genommen haben. Da drastischere Waschgänge bei höheren Temperaturen und Detergenzkonzentrationen ja aus Umweltgründen möglichst zu vermeiden sind, können die Analytiker nun den minimalschädlichen Waschgang herausfinden, der den Socken den Gestank zuverlässig austreibt.

Eine weitere Möglichkeit springt mir ins Auge, da die sechs Geruchsstoffe ja insgesamt recht harmlos aussehen und die Ketone allein gar nicht so schlecht riechen. Selbst die schlimmsten Stinker sind auch im Zusammenhang mit der Lebensmittelbearbeitung oder -verrottung zu finden und somit nur wenige Reaktionsschritte von besser riechenden Substanzen entfernt.

Wie wäre es denn, wenn die Socken statt der antimikrobiellen Silberpartikel Katalysatoren enthielten, welche den Gestank in Wohlgeruch verwandeln könnten? Je mehr der Jogger schwitzt, desto stärker strömt der Rosenduft. Hier wäre wirklich kreative chemische Forschung gefragt, die die Welt verändern könnte. Oder zumindest ihren Geruch.

Leonardo DNA Vinci

Es könnte mit dem Alter zu tun haben, aber manche Themengebiete verfolge ich (oder sie mich) nun schon seit mehr als einem Vierteljahrhundert, und manche sind in dieser Zeitspanne ganz schön gewachsen. So ist das auch mit der DNA-Nanotechnologie, deren erstes kreatives Werk bereits 1991 erschien und in meinem ersten Buch verwurstet wurde (Groß 1994).

Nadrian Seeman und Junghuei Chen hatten damals einen molekularen Würfel fabriziert, dessen Kanten aus DNA-Doppelhelices bestanden, die sich an den Ecken aufspalteten, um mit anderen DNA-Gegensträngen die benachbarten Kanten zu bilden. Anders ausgedrückt, jede der sechs Flächen des Würfels wurde von einem ringförmig geschlossenen DNA-Molekül repräsentiert, das mit den jeweils vier benachbarten Ringen doppelhelikal verzwirbelt war, sodass es sich rein chemisch betrachtet um ein komplexes Catenan handelte.

Das war damals ganz schön clever, auch wenn Chen die von Seeman konzipierten DNA-Doppelstränge noch von Hand (das heißt mit Enzymen) zusammenlöten musste und die dreidimensionale Struktur des Konstrukts lediglich indirekt nachweisbar war.

Seitdem haben andere neue Methoden zum Aufbau von Nanostrukturen mit eigens programmierten DNA-Strängen entwickelt, welche die Herstellung vereinfachten und sehr viel komplexere Bauwerke möglich machten. Eine besonders effiziente Methode wurde als DNA-Origami bekannt, obwohl sie mit dem Papierfalten eigentlich weniger zu tun hat und eher an Klammern oder Nähen erinnert, was beim Origami nicht erlaubt ist.

Die von Paul Rothemund 2006 eingeführte Methode beruht auf einem langen Gerüststrang und vielen kleinen DNA-Klammern, die gezielt Quervernetzungen zwischen bestimmten Punkten des Gerüsts herstellen und dieses damit in eine dreidimensional aufgefaltete Struktur zwingen. Wie Gulliver in Lilliput wird der Riese von zahlreichen Zwergen gebändigt.

Mit solchen Hilfsmitteln und effizienten Computermethoden zur Codierung der DNA-Strukturen konnten Arbeitsgruppen Nanoobjekte von bemerkenswerter Komplexität herstellen, bis hin zu einem Ionenkanal und beweglichen Minirobotern – aber alle im Größenbereich der Zellbausteine, also im Nanokosmos (Groß 2012). Eine ganze Serie von Neuerungen verspricht nun den Vorstoß in die Mikro-, vielleicht sogar die Makrowelt.

Gleich vier Erfolgsmeldungen erschienen im Dezember 2017 in *Nature* und wurden praktischerweise in einem News & Views zusammenfassend erläutert (Zhang und Yan 2017), eine weitere hechelte eine Woche später in *Science* hinterher. Die Arbeitsgruppe von Hendrik Dietz an der TU München beschreibt in *Nature* Bauwerke, die durch Selbstassemblierung in mehrstufigen DNA-Origami-Prozessen den Mikrometermaßstab erreichen. Der entscheidende Trick in der Architektur ist, dass sich V-förmige Bauelemente mit programmierbarem Winkel zu sich zu Röhren und Türmen zusammenfügen können. Das erinnert ein wenig an den Herrn Gustave Eiffel

(1832–1923) und seine einschlägigen Gerüstbauten oder an die klassischen Metallbaukasten, die vor Erfindung des Lego beliebt waren. Als Bonus liefern die Münchner in einem zweiten Paper noch ein Rezept zur biotechnologischen Massenproduktion der Groß-DNA.

Die Arbeitsgruppe von Peng Yin vom Wyss-Institut an der Harvard-Universität ließ sich wohl eher von Lego-Steinen als von Eiffel-Türmen inspirieren. Diese Forscher erzeugten mit der Origamitechnik molekulare Quader, die sich hinwiederum auf vorausprogrammierte Weise zu größeren Gebilden zusammenlagern. Mit klarem Blick auf den Spielzeugmarkt bauten die Forscher dann einen mikroskopischen Teddybären aus DNA zusammen.

Das Rennen um das *Nature*-Titelblatt und die Medienaufmerksamkeit gewann allerdings Lulu Quian vom Caltech. Die junge Assistenzprofessorin programmierte mit nur zwei Coautoren einen Flickenteppich aus DNA-Kacheln zu Bildern im Mikromaßstab, unter anderem eine Replik von Leonardo da Vincis Mona Lisa.

Wenn nun der DNA-Baukunst keine Grenzen mehr gesetzt sind (außer natürlich der Chemikalienrechnung), dann ist der Ideenschatz Leonardo da Vincis sicher noch für weitere Anleihen gut. Diverse Flugmaschinen, die das Universalgenie vor einem halben Jahrtausend skizziert hatte, haben bis jetzt noch nicht abgehoben – vielleicht warteten sie nur auf die Erfindung der DNA-Technologie. Bonuspunkte gibt es für ein Leonardo-Werk unter Verwendung der Genomsequenz des Genies.

Frankensteins Blutturbine

Der Erfinder Daedalus, mit bürgerlichem Namen David Jones, hielt über Jahrzehnte hinweg die grauen Zellen vieler Leserinnen und Leser mit seinen unmöglichen oder auch nur unkonventionellen Erfindungen auf Trab. Der britische Physikochemiker, der seine Geistesblitze seit 1964 in *New Scientist* und später dann wöchentlich in *Nature* veröffentlichte, ging jeweils von etablierten wissenschaftlichen Grundlagen aus und ließ dann seine Fantasie so lange spielen, bis sie im Gebiet des Unmöglichen oder Absurden landete.

Obwohl er sie als unmöglich konzipierte, wurden einige seiner Erfindungen später Realität. Unter anderem beschrieb er bereits 1966 Fullerene und sagte die Erfindung des chemischen Lasers voraus. Nach einem Schlaganfall im Jahr 2000 schickte Jones den Erfinder Daedalus in den Ruhestand und wandte sich anderen Themen zu. Er verstarb im Juli 2017 – das Geheimnis eines angeblichen Perpetuum mobile, das sein Kollege und Nachrufautor Robin Perutz noch wenige Monate zuvor in seinem Haus bestaunt hatte, hat er nie verraten.

Zum Glück folgen andere Wissenschaftler in seinen Fußstapfen. Das Thema des Perpetuum mobile ist sowieso ein Dauerbrenner. Erst vor wenigen Jahren vermeldete eine Firma in Dublin den Erfolg und suchte Experten zur Bestätigung ihres sensationellen Durchbruchs – nicht etwa zur Fehlersuche. Leider habe ich seitdem nichts mehr von dieser bahnbrechenden Erfindung gehört, und auch das Nobelpreiskomitee scheint diese Sensation verschlafen zu haben.

Und in der Angewandten Chemie erschien 2017 ein *Hot Paper*, das direkt aus Daedalus' fiktiver Firma Dreadco (Daedalus Research and Development Corporation) stammen könnte. Huisheng Peng und Kollegen an der Fudan-Universität in Shanghai haben einen eindimensionalen Nanogenerator erfunden. Es handelt sich um eine Faser, die Strom erzeugt, sobald man sie in eine bewegte Flüssigkeit eintaucht. Da alles nano ist, könnte man sie in Blutgefäßen des Körpers installieren und einen Teil der Pumpleistung des Herzens in Strom verwandeln.

Die Forscher gingen von einem Film aus mehrwandigen Kohlenstoffnanoröhren aus, den sie entweder um eine Polymerfaser herumwickelten oder einfach durch Verzwirbeln in eine eindimensionale Faser formten. Schneidet man ein Stück dieses Fasermaterials ab und befestigt an jedem Ende einen Kupferdraht, so hat man einen Faserförmigen Fluiden Nano-Generator oder FFNG. Bewegt sich dieser in einer Elektrolytflüssigkeit, etwa Kochsalzlösung oder Blut, oder lässt man die Flüssigkeit an der Faser vorbeiströmen, so entsteht zwischen den beiden Elektroden eine Spannung im Bereich von bis zu 40 mV, die sich auch als elektrischer Strom abzapfen lässt.

Ebenso wie eine konventionelle Turbine im Wasserkraftwerk kann also diese Nano-Blutturbine Strömung in Elektrizität verwandeln – aber mit der mechanischen Bewegung des Wassers hat der Effekt offenbar nichts zu tun. Stattdessen vermuten die Autoren, dass die Erklärung in der Elektrochemie der Grenzfläche zwischen den Nanoröhren und der Elektrolytlösung zu finden ist. Da ist von der Sterndoppelschicht und Cyclovoltammetrie die Rede – all jenen Dingen, die ich seit Abschluss des physikalisch-chemischen Praktikums erfolgreich verdrängt habe.

Also wissen wir nicht ganz genau, wie die Erfindung funktioniert, aber es ist beruhigend zu wissen, dass sie funktioniert, und das sogar *in vivo,* im lebenden Frosch. Die Forscher zapften Elektrizität aus dem Blutkreislauf ab und stimulierten damit einen Muskel.

Denkbar wäre eine Verwendung in Textilien – vielleicht eine Badehose mit Beleuchtung? Der Ehrgeiz der Autoren richtet sich aber eher auf medizinische Anwendungen. Die im Blutstrom flatternden Fasern könnten implantierte medizinische Kleingeräte mit Strom versorgen, vielleicht sogar einen Herzschrittmacher. Daedalus hätte seine

Freude daran gehabt und vielleicht noch gleich, aufbauend auf den Arbeiten des fiktionalen Pioniers der Elektrophysiologie, Viktor Frankenstein, ein anthropomorphes Perpetuum mobile erfunden, bei dem der aus dem Kreislauf gewonnene Strom ein Kunstherz antreibt. Der Erfindergeist kennt keine Grenzen.

Löchrig by design

Kleidung gehört zu den Dingen, die ich mir nicht kaufen muss, denn ich habe ja schon welche. Und die trage ich gnadenlos bis zum bitteren Ende, auch wenn mich aufmerksame Mitmenschen freundlich darauf hinweisen, dass das Material Lüftungslöcher aufweist. Ein bisschen Lüftung kann ja nicht schaden.

Deshalb kann ich es natürlich nur begrüßen, dass der Sportartikelhersteller Puma und das MIT Design Lab jetzt meinem Beispiel folgen und Schuhe und Kleidung löchriger machen. Konkret benutzt die Firma mit der Raubkatze Bakterien, um die sich anreichernde Feuchtigkeit im Schuh zu detektieren und dann gezielt Luken zur Belüftung zu öffnen. Dieses Konzept wurde bei der Designwoche Mailand im April 2018 dem staunenden Publikum vorgeführt.

Allerdings beherrscht man am MIT die bakteriell gesteuerte Öffnung von Lüftungskanälen schon seit einigen Jahren. Bereits 2015 stellte das dortige Design-Lab ein ähnlich konzipiertes Textilmaterial vor, das sich zum Beispiel für T-Shirts verwenden lässt. Dieses enthält rautenförmige Öffnungen, die im Ruhezustand von zwei dreieckigen Klappen verschlossen werden.

Forscher am MIT entwickelten ein Druckverfahren, mit dem ein Biohybridfilm aus Bakterien der Art *Bacillus subtilis* auf den Stoff aufgedruckt werden kann. Dieser zieht sich bei Feuchtigkeit zusammen und öffnet damit die Klappen. Die Bakterienart wird in Japan für die Fermentation zur Erzeugung des seit 1068 schriftlich belegten Sojaprodukts Nattō verwendet und gilt somit als unschädlich.

Ob aber der Biofilm die Waschmaschine überlebt? Da wäre ich mir nicht so sicher. Es schleicht sich der Verdacht ein, dass hier gerade ein neues Einwegprodukt erfunden wird. Auch bei den Turboturnschuhen aus Herzogenaurach kann ich mir nicht vorstellen, dass der clevere Biofilm so lange hält, wie ich meine Schuhe trage.

Aber für den Fall, dass es mit den Lüftungsklappen nicht ganz so klappt, haben die Freunde des Silberlöwen noch ein paar andere Ideen auf Lager. In Mailand präsentierten sie ebenfalls eine Einlegesohle mit künstlicher Intelligenz. Hier haben wir *deep learning* im doppeldeutigen Sinne, was in der deutschen Fassung der Pressemitteilung allerdings weniger intelligent einfach als „lernfähige Sohlen“ übersetzt wurde. Lobenswert ist allerdings, dass die mit den Füßen zu tretende Intelligenz als Einlegesohle konzipiert wurde, also nicht automatisch mit dem Schuh im Recycling landet.

Diese intelligente Schuhsohle verwendet ebenfalls Bakterien als Sensoren. Aus der Presseabteilung heißt es: „Die Sohle verwendet Organismen, um lang- und kurzfristige chemische Phänomene zu messen, die Ermüdung und Wohlbefinden anzeigen.“ Einzelheiten bleiben der Fantasie des Publikums überlassen.

Denkbar wäre zum Beispiel, aus der Zusammensetzung des Schweißes die Dehydrierung der Sportlerin zu ermitteln und sie gegebenenfalls zum Wassertrinken aufzufordern. Diese Art von Activewear wurde in den Niederlanden allerdings schon 2015 entwickelt, als Stoff mit einem aufgedruckten Material namens SOAK, das die Dehydratation mittels der pH-Veränderung im Schweiß detektiert und durch einen Farbwechsel im Stoff anzeigt.

Also im Prinzip ein Indikatorpapier, das man anziehen kann. Das hat immerhin einen gewissen Spielwert.

Auch die dritte Idee der Herzogenauracher geht in diese Richtung: „Das mikrobiell aktive T-Shirt reagiert auf Umweltfaktoren, indem es sein Aussehen ändert und den Benutzer über die Luftqualität informiert." Das ist ja sehr verdienstvoll, aber vermutlich auch nicht an die Tatsache angepasst, dass man sein T-Shirt vielleicht gelegentlich wechseln und waschen will. Das Umweltmessgerät, wenn man eines braucht, sollte vielleicht doch lieber von der Kleidung getrennt operieren.

Sie merken es schon, so ganz überzeugt bin ich noch nicht, dass ich Turnschuhe mit bakteriellen Lüftungsschlitzen und Hemden mit Indikatorfunktion brauche. Ich bleibe lieber bei der bewährten Methode, die Sachen einige Jahre lang zu tragen. Die Belüftung und Farbveränderungen stellen sich dann ganz von alleine und völlig kostenlos ein.

Die Leichtigkeit der Partyballons

Wenn Sie zur Karnevalssaison oder für einen Kindergeburtstag Heliumballons erwerben wollen, dann müssen Sie für das Bisschen farbenfrohe Leichtigkeit in schweren Zeiten etwas tiefer in die Tasche greifen als noch im vorigen Jahr. Und wenn die Kapelle dann schmettert *Is this the way to Amarillo?,* dann können Sie das als einen sachdienlichen Hinweis auffassen. In der Nähe von Amarillo, Texas, liegt nämlich die Antwort auf die Frage, warum der Heliumpreis fast so rasch in die Höhe schießt wie ein losgelassener Partyballon.

Mehr als ein Drittel des heute gehandelten Heliums stammt nämlich aus der nationalen Heliumreserve der USA, die 1925 eingerichtet wurde, als das Edelgas noch strategische Bedeutung für Luftschiffe hatte. Jahrelang drückte der Ausverkauf dieser Reserven den Weltmarktpreis, obwohl die Nachfrage stieg. Gebraucht wird Element Nr. 2 etwa für Gaschromatographie, für supraleitende Magnete in MRI-Scannern und NMR-Spektrometern, in physikalischen Großanlagen wie dem Large Hadron Collider und auch in der Chipproduktion.

Bald jedoch werden die Reserven in Texas zur Neige gehen, und der Markt beginnt bereits, die kommende Knappheit zu spüren. Ein altes Gesetz, das die Gasversorgung aus Amarillo vorzeitig beendet hätte, konnte mit knapper Not noch vor der Blockade der US-Regierungsgeschäfte im vorigen Jahr geändert werden. Frisches Helium ist wirtschaftlich nur aus Erdgas zu gewinnen, und dadurch ist der Nachschub begrenzt, während die Nachfrage sich weiterhin in dieselbe Richtung bewegt wie ein Ballon, der nicht ordentlich festgebunden wurde.

Die Sache ist ja die, sobald wir auf unsere Heliumatome nicht richtig aufpassen, entwischen sie schwupp nach oben und in den Weltraum. Obwohl es dort ja wirklich schon genug davon gibt. Wir hier unten hingegen müssen lange warten, bis die Radioaktivität im Erdinneren wieder signifikante Mengen Helium nachliefert.

Warum stellen wir das Element nicht einfach selbst her? Eins plus eins macht zwei, das ist doch ganz einfach. In unserer Sonne funktioniert es schon seit über fünf Milliarden Jahren. Hier auf der Erde versuchen es die Physiker erst seit einigen Jahrzehnten, mit nur bescheidenen Erfolgen. Dem Joint European Torus vor den Toren Oxfords verdanken wir zwar die Europäische Schule, aber noch keine nennenswerten Mengen an Fusionsenergie oder Helium.

Aber wie der Begriff „Zukunftstechnologie" nahelegt, soll das in Zukunft alles besser werden. Das internationale Fusionsprojekt ITER in Cadarache, Südfrankreich, befindet sich ja derzeit im Bau. Ab 2027 soll dort die Fusion laufen, aber bis dahin sind die Reserven in Amarillo natürlich schon längst verschwunden. Und die Heliumpreise werden bis dahin so weit gestiegen sein, dass dieses Nebenprodukt die Fusionsenergie sogar wirtschaftlich konkurrenzfähig machen könnte. (Alle Wirtschaftsprognosen ohne Gewähr.)

In der Sonne hat sich ja in den letzten fünf Milliarden Jahren so einiges an Helium angesammelt (deswegen wurde es ja auch im Spektrum des Sonnenlichts entdeckt und nach dem griechischen Sonnengott benannt). Eine Gasleitung zur Sonne können wir aber nicht legen, denn das Helium tendiert dazu, in tieferen Schichten zu verweilen, zwischen dem leichteren Wasserstoff und den schwereren Elementen, die ihrerseits durch weitere Fusion entstehen. Wir müssten also ein Material haben, das durch die Gluthitze der fusionsaktiven Schichten hindurch zum Heliumvorrat vordringen kann, und das haben wir leider nicht. Nicht einmal in der glorreichen Zukunft.

Also sollten wir vielleicht bei allen Anwendungen des Edelgases darauf hinarbeiten, dass es uns nicht entkommt. In der Gaschromatographie lässt es sich durch andere Gase ersetzen. Bei der Kühlung supraleitender Magnete ist es unersetzlich, kann aber im Prinzip aufgefangen und rezykliert werden. Allerdings rechnet sich die Anschaffung eines Kompressors zur Verflüssigung des Gases noch nicht, wenn Sie nur ein oder zwei NMR-Spektrometer betreiben. Für eine ganze Universität mit zahlreichen analytischen und physikalischen Geräten, die Helium verbrauchen, kann Recycling aber lohnend sein.

Wer keine heliumgekühlten Apparaturen sein Eigen nennt, kann immerhin noch einen kleinen Beitrag zur Bewahrung des Rohstoffs leisten und ihn nicht aus Jux und Tollerei vergeuden. Nicht für Flugversuche und auch nicht, um eine piepsige Micky-Maus-Stimme zu bekommen. Und das bedeutet auch, dass das Edelgas nicht mehr in Partyballons gefüllt werden sollte. Das forderte zumindest Peter Wothers von der Universität Cambridge gegenüber der BBC.

Aber was tun wir dann, um die Kinder und Jecken bei Laune zu halten? Ein Leser eines Onlinenachrichtendienstes hatte die hilfreiche Idee, stattdessen Wasserstoff in die Ballons zu füllen. Dieser Empfehlung können wir uns leider nicht anschließen (siehe auch: Hindenburg, Luftschiff).

Auch die netten kleinen Heißluftballons aus Papier (Kong-Ming-Laternen heißen sie bei Wikipedia), die mit einem Teelicht befeuert werden, sind ja in letzter Zeit in Verruf geraten, da der eine oder andere auch mal an einer ungünstigen Stelle landet und zum Beispiel eine Scheune in Brand setzt. Deshalb haben sie auch in den meisten Bundesländern Flugverbot.

Da bleibt uns also zur Aufrechterhaltung unseres Frohsinns nur die Möglichkeit, die Ballons mit ordinärer Luft zu befüllen, und mit der Leichtigkeit ist erst einmal Schluss. Immerhin sind die Luftballons genauso bunt, und man kann mit etwas Übung lustige Tierfiguren und sogar Molekülmodelle daraus formen. Oder vielleicht könnte uns der Politikbetrieb etwas heiße Luft liefern, damit die Ballons wenigstens schweben. Bis zum Aschermittwoch, dann landen sie wieder am Boden der Tatsachen.

Künstliche Dummheit

Anfang Dezember 2018 startete die Blog-Website Tumblr ein Experiment von gigantischen Ausmaßen. Sie versuchte, nicht jugendfreies Material aus ihren 450 Mio. Blogs zu verbannen und das bereits vorhandene zunächst zu markieren und dann ab dem 17. Dezember zu verbergen. Unter das neue Verbot der bis dahin sehr freizügigen Website fällt nicht nur Pornographie sondern auch jegliche weiblich erscheinende Brustwarze. Der Terminus technicus *female-presenting nipples,* der jetzt in den Benutzerbedingungen erscheint, inspirierte natürlich prompt die Neugründung von Blogs, die nichts anderes zeigen.

„Nach diesem Zwischenfall mit einem Rubens-Gemälde wurden Pflegeroboter weltweit aus allen Museen verbannt."

Es geht um die Prüfung von Hunderten von Milliarden einzelner Einträge, in denen sich Nippelpräsentationen oder schlimmere Dinge verbergen könnten. Bei diesen Maßstäben wäre jeder menschliche Zensor mit seiner Schere überfordert. Solche Megaprojekte der

Datenverarbeitung lassen sich, wenn überhaupt, dann nur mit künstlicher Intelligenz bewältigen. Deren Aufgabe wird dadurch erschwert, dass Kunstwerke wie *Die Freiheit führt das Volk* von Eugène Delacroix natürlich erlaubt bleiben sollen. Ebenso Bilder von stillenden Müttern (die schon bei Facebook für Unruhe gesorgt haben) und politischen Protesten, etwa von Femen.

Diese feinen Unterscheidungen muss das Zensurprogramm nun lernen. Die Idee an der Künstlichen Intelligenz ist ja, dass sie dazulernt, und bei komplexen Spielen wie Schach und Go hat das ja auch funktioniert. Auch in der chemischen Forschung macht sich KI nützlich, etwa bei der Vorhersage neuer Materialien.

Aber bei der Bilderkennung hapert's noch, wie Tumblr nach den ersten Wochen mit den neuen Regeln feststellen muss. Das Zensurprogramm erkennt vielleicht eine Brustwarze bei günstiger Beleuchtung, aber seine Sexualerziehung hat gerade erst das Grundschulalter erreicht. Und die zu Unrecht markierten Inhalte häufen sich.

Passend dazu erschien Anfang 2019 eine wissenschaftliche Untersuchung über die Bildwahrnehmungsfähigkeiten von neuronalen Netzwerken. Die Arbeitsgruppe von Philip Kellman an der University of California in Los Angeles testete einige der besten verfügbaren Programme, um herauszufinden, wie sich deren Wahrnehmung von der menschlichen unterscheidet. Das Ergebnis: Es ist erschreckend einfach, die Programme zu verwirren (Baker et al. 2018).

Eine Teekanne mit der Oberflächentextur eines Golfballs, für menschliche Betrachter leicht zu erkennen, überforderte das Programm. Offenbar interessierten sich die Programme, die ihr Wissen aus Photodatenbanken bezogen, mehr für Texturen und Details als für Umrisse. Einen Eisbären aus Glas hielt die KI ohne offensichtlichen Grund für einen Dosenöffner. Für diese Verwechslung haben auch die Forscher keine Erklärung gefunden.

Übereifrige Firmen können es kaum erwarten, KI-gesteuerte Autos auf die Straßen loszulassen. In den USA gab es bereits die ersten Todesfälle durch selbstfahrende Autos. Im allerersten Fall, als ein Tesla im Autopilotmodus einen querstehenden Lkw nicht als Hindernis erkannte, hatte offenbar die Bilderkennung versagt. Die Entwickler entwickeln unbeirrt weiter, doch aufgrund der Forschungsergebnisse seines Teams warnt Kellman: „Nicht so schnell!"

Die wirkliche Welt, die einem Auto vor die Kühlerhaube kommt, ist kompliziert und unvorhersagbar. Wir machen sie noch komplizierter, indem wir alle möglichen Dinge mit Bildern von anderen Objekten schmücken. Ein Haus mit einer Werbetafel für Kleidung ist immer noch ein Haus, kein Kleiderschrank. Und eine Teekanne mit Golfballdesign ist immer noch nicht zum Golfspielen geeignet. KI-Programme, die durch unerwartete Einzelheiten oder Texturen zu täuschen sind, sollten vielleicht noch keinen Führerschein bekommen.

Unterdessen können wir auf Tumblr den Lernprozess solcher Programme live mitverfolgen. Zumindest im Reich der Sinne hat die menschliche Intelligenz bisher noch einen großen Vorsprung vor der künstlichen.

Mit 150 fängt das Leben an

Fritz Haber (1868–1934) setzte Anfang des 20. Jahrhunderts seine Idee der Ammoniaksynthese aus den Elementen gegen erheblichen Widerstand durch. Wäre er weniger dickköpfig gewesen, dann wären wir jetzt alle nicht hier. Im Jahre 1913 ging bei der BASF in Ludwighafen die erste Haber-Bosch-Synthese in Betrieb.

Mehr als hundert Jahre später ist diese Synthese immer noch die Hauptquelle der Produktion von Stickstoffdünger.

Sie setzt bereits mehr Stickstoff um als die natürliche Stickstofffixierung der Knöllchenbakterien. Dennoch suchen insbesondere in Japan und in China Forscher nach Alternativen, um die offensichtlichen Nachteile des Verfahrens (Druck, Temperatur, Energieverbrauch) zu mindern.

Bei Nachforschungen zu einem Artikel über die fernöstliche Suche nach neuen Methoden fragte ich auch bei der BASF an, ob man dort auch an Alternativen arbeite, aber offenbar waren die Ludwigshafener mit ihrem hundertjährigen Klassiker noch ganz zufrieden und nicht scharf darauf, Alternativen zu diskutieren.

Welche Art von Innovationen der umsatzstärkste Chemie-Konzern der Welt stattdessen ausbrütet, erfuhr ich dann ein Jahr später, als sich die Pressestelle wieder bei mir meldete, mit einer Einladung zur Restaurantwoche in London. Der Speisesaal der Zukunft, lautete das Motto zu einer Veranstaltung, wo eine revolutionäre neue Technologie vorgestellt werden sollte.

Also auf nach London – Ort der Handlung ist nicht etwa ein Restaurant, sondern eine Art umgebautes Lagerhaus in der Nähe der historischen Markthallen von Covent Garden. Freigelegte Stahlträger und Mauerwerk, blaues Licht, weiße Möbel, alles sehr cool. Zur Begrüßung gibt es Cocktails aus überdimensionierten Reagenzgläsern, das ist ja schon fast zu erwarten, wenn Chemie und Esskultur zusammentreffen.

Dann wird endlich die Wundertechnologie vorgestellt, die den Speisesaal der Zukunft prägen soll, und den Supermarkt gleich mit. Es handelt sich um ein faustgroßes Infrarotspektrometer, das anhand einer Datenbank von IR-Spektren Inhaltsstoffe von Lebensmitteln unterscheiden kann, etwa Rohrzucker von Stevia.

Das Gerät namens Hertzstück wurde von der BASF-Spinout-Firma trinamiX GmbH in den letzten Jahren entwickelt und kann bisher nur eine sehr überschaubare

Anzahl von Fragen beantworten, und die auch nur nach direktem Kontakt mit der Materie.

Mit weiterer Miniaturisierung und Optimierung soll das chipbasierte Verfahren allerdings schon in wenigen Jahren in Smartphones Platz finden und dann auch durch die Verpackung hindurch dem Kunden im Supermarkt ermöglichen, ob ein Lebensmittel vegan ist, ob es Zucker oder vielleicht Glyphosat enthält, oder einen Stoff, gegen den der Kunde allergisch ist. Wenn das wirklich eines Tages funktioniert, kann es natürlich Leben retten. Und Abfälle vermeiden kann das Hertzstück auch, wenn es analysiert, ob ein abgelaufenes Produkt noch essbar ist.

Das war's auch schon. Beim (sehr coolen) Essen mit fantastischen Weinen aus dem berühmten BASF-eigenen Weinbau stellt sich heraus, dass ich unter den Gästen sowieso der Einzige bin, der schon mal ein Infrarotspektrometer benutzt hat und der daran interessiert ist, wie (und ob) die Technologie funktioniert. Die anderen identifizieren sich als Foodblogger, Instagram-Influencer und ähnliche Exponenten der schönen neuen Netzwelt und bewundern die Neuentwicklung als eine der vielen Formen von Magie der neuen Technologien.

Fritz Haber wäre im Dezember 150 geworden, die BASF ist drei Jahre älter als er. In diesem fortgeschrittenen Alter ist es nicht immer leicht, cool und modern zu erscheinen. Aber man tut halt, was man kann.

Und täglich grüßt E.T

Die Anfänge der Suche nach Außerirdischen fanden vor einem halben Jahrhundert im Geheimen statt. Frank Drake benutzte seit 1960 ein Radioteleskop, um nach Signalen außerirdischer Intelligenz zu horchen, doch aus

Angst vor den Skeptikern, die keine Steuergelder für die Suche nach kleinen grünen Männchen verbraten sehen wollen, gab er den wahren Grund seiner Untersuchungen erst Jahre später bekannt.

„Und jetzt werden wir Universum Nummer 32 gleich mal kräftig schütteln, hehe!"

In den fünfzig Jahren seit Drakes Pioniertat ging die Suche nach Leben im Weltall durch allerlei Höhen und Tiefen. Carl Sagan (1934–1996) verstand es meisterhaft, die „Exobiologie" zu popularisieren, doch immer wieder drehte der Staat den Geldhahn zu, und viele Projekte, darunter die heute mit millionenfach stärkeren Instrumenten weitergeführte Analyse von Radiowellen, überlebten nur mithilfe von spendierfreudigen Milliardären wie etwa dem Microsoft-Mitgründer Paul Allen (1953–2018).

Inzwischen hat das Gebiet von Sagans Exobiologie zu der allumfassenderen Astrobiologie mutiert, die ausdrücklich das Leben auf der Erde, das einzige Beispiel, das wir bisher kennen, mit einschließt und sich zum Beispiel auch intensiv dem Ursprung und der frühen Evolution des Lebens auf unserem Planeten widmet (Plaxco und Groß 2012).

Was sich auch geändert hat, ist die Haltung der staatlichen Forschungseinrichtungen in den USA. Zwar werden die teuren und wenig aussichtsreichen Lauschangriffe auf E.T. weiterhin privat finanziert, doch die Weltraumorganisation NASA hat sich Astrobiologie geradezu als Motto auf ihre Fahnen geschrieben, sodass jede auch noch so zweifelhafte Entdeckung in dieser Hinsicht ausgeschlachtet wird. Dieser Trend fing möglicherweise 1996 mit den umstrittenen Lebensspuren in dem Marsmeteoriten ALH 84.001 an, doch in jüngster Zeit hat er bisher ungeahnte Ausmaße angenommen.

Die chemisch zweifelhafte Behauptung, dass irdische Mikroben mit Arsenat statt Phosphat überleben können, wurde mit so viel Vorab-Getöse verbreitet, dass im Vorfeld der angekündigten Pressekonferenz das Gerücht umging, die NASA habe Lebewesen auf dem Saturnmond Titan entdeckt. Und dann waren es doch nur Bakterien, die vielleicht ihre Biochemie auf Arsenat umstellen können, vielleicht aber auch nur ganz besonders clever die Spuren von Phosphat im Arsenat finden.

Auch die Katalogisierung ferner Planeten, die seit der Erstentdeckung im Jahr 1995 rasante Fortschritte gemacht hat, wird von den Pressereferenten der beteiligten Organisationen gern als Suche nach einer zweiten Erde verkauft. Zwar sind die über 500 bisher außerhalb unseres eigenen Sonnensystems aufgefundenen Planeten in der

Regel zu groß und zu heiß, um Leben zu beherbergen (was an den bisher verfügbaren Methoden liegt, nicht an den Eigenheiten von Planeten im Allgemeinen), doch die Entdeckung von Erde II wird unverdrossen als unmittelbar bevorstehender Meilenstein der Wissenschaft verkündet. Dieses Jahr, so hieß es noch vor Kurzem, ist unser Partnerplanet definitiv fällig.

Mit kleinlichen wissenschaftlichen Fragen, etwa wie ein Planetensystem entsteht, welche Verteilung von Planeten am wahrscheinlichsten ist und ob dabei überhaupt ein Planet in der lebensfreundlichen Zone herausspringt, halten sich manche der großen Geister, die von der E.T.-Begeisterung gepackt sind, gar nicht erst auf.

Vielmehr wenden sie sich gleich den großen Fragen unserer Zeit zu, etwa der, was die Entdeckung von Leben auf anderen Planeten denn für die Weltreligionen bedeuten würde. Kann es eine zweite Schöpfung geben? Kann unser sowieso schon von so viel Bösem auf unserem Planeten gestresster Gott auch noch für andere belebte Himmelskörper zuständig sein?

Es gibt, und das ist kein Witz, tatsächlich schon Leute, die sich Astrotheologen nennen und solchen Fragen nachgehen. Ihr bevorzugtes Forschungswerkzeug ist die Meinungsumfrage. Auf diesem Wege haben sie schon herausgefunden, dass – zumindest von denjenigen, die nicht schnell genug vor dem Fragesteller die Flucht ergriffen – eine Mehrheit sich keine besondere Sorgen um die weitere Gültigkeit ihrer eigenen religiösen Überzeugungen macht, wohl aber um die anderen Religionen.

Wir lernen daraus: Der wahre Gott kann auch mit der Existenz von E.T. zurechtkommen, nur die falschen Götter der Heiden hätten damit Probleme. Die einfachste Lösung haben natürlich die Raelianer: Für die stecken hinter dem vermeintlichen Wirken Gottes die uns überlegenen Außerirdischen.

Asteroidenrecycling

Wir stellen uns unser Sonnensystem gerne als wohlgeordnete Hierarchie vor – die Sonne wird von acht Planeten umkreist (seitdem Pluto den Planetenstatus verlor), die hinwiederum von weniger als 100 Monden. Alles zieht geordnet seine Bahn, auf alle Ewigkeit.

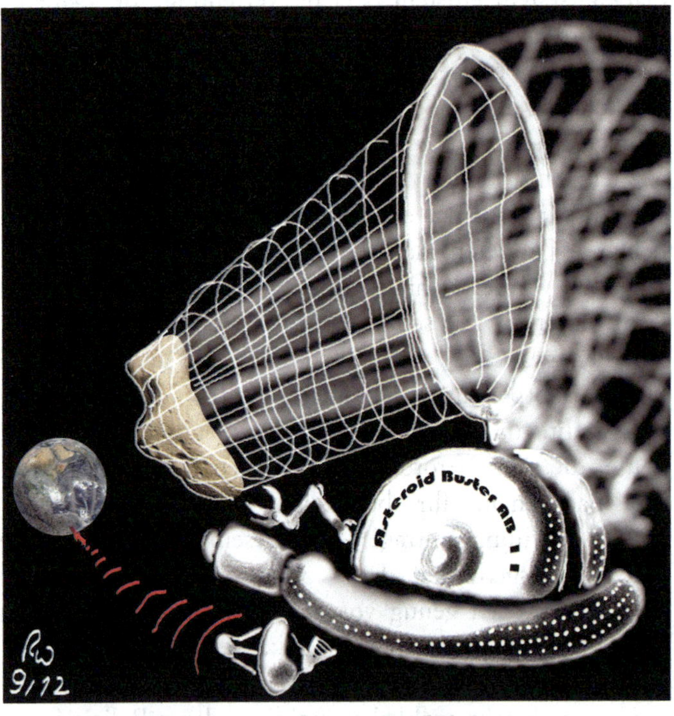

„Hallo Erde... haben den Killerasteroiden im Graphennetz eingefangen. Die in den Gigaratschen gespeicherte Bremsenergie schicken wir euch gleich runter, schaltet Eure Mikrowellenempfänger ein. Morgen geht's an die Bodenschätze. Over!"

Doch dann sind da noch die anarchistischen Asteroiden und Kometen, jene Gesteinsklumpen, die in Millionenzahl und auf recht unregelmäßigen Bahnen durch das System geistern. Für diese haben wir ja gemischte Gefühle. Einerseits sollten wir ihnen dankbar sein – denn an der Stelle, wo unser Planet entstand, konnte Wasser noch nicht resublimieren. Will sagen, das gesamte Wasser auf unserem Planeten stammt aus Einschlägen anderer Himmelskörper, die jenseits der sogenannten Schneegrenze entstanden waren und somit Wasser binden konnten.

Andererseits könnten die Größeren von ihnen, falls sie uns in die Quere kommen, durchaus einen Großteil der Arten, einschließlich unserer, auslöschen. Und wenn Bruce Willis gerade nicht zur Verfügung steht, was machen wir dann? Forscher der Strathclyde-Universität in Glasgow haben vor Kurzem vorgeschlagen, dass ein ganzer Schwarm von kleinen Raumsonden den nahenden Asteroiden begleiten und langsam aber sicher per Laserchirurgie in harmlosere Kleinteile zerlegen sollte.

Das hört sich immerhin vernünftiger an als die Hollywood-Version, aber ich habe noch gedankliche Probleme mit dem Anflug auf den Asteroiden. Wenn das Ding sich mit Zigtausenden von Stundenkilometern auf uns zu bewegt, muss der Schwarm ihm zwangsläufig entgegenfliegen, mit quietschenden Reifen eine spektakuläre Wende hinlegen und dann auf die in Erdrichtung weisende Geschwindigkeit des Trumms beschleunigen. Das stelle ich mir schwierig vor. Am besten, wir entdecken den Störenfried drei oder vier Umläufe bevor es ernst wird, dann lässt sich die Annäherung vielleicht etwas leichter gestalten

Aber selbst die friedliche Mehrheit der Asteroiden, die keine akute Gefahr für uns darstellen, findet in jüngster Zeit verstärktes Interesse. NASA hat die Raumsonde Dawn zum zweitgrößten Objekt des Asteroidengürtels geschickt, dem Asteroiden Vesta. Bei der wissenschaftlichen Erkundung des Brockens, der bereits 1807 als

Vierter der „kleinen Planeten" entdeckt worden war, stehen vor allem Fragen zur Zusammensetzung des Baumaterials des Sonnensystems im Vordergrund (neben Fragen der Konsistenz von Asteroiden und welche Werkzeuge man Bruce Willis mitgeben sollte, wenn seine Sternstunde doch noch kommt).

Andere betrachten Asteroiden mit gierigen Augen und rechnen sich bereits aus, wie viele Tonnen Edelmetall vermutlich in ihnen enthalten sind. Die Sache mit unserem Planeten ist ja die, dass er aufgrund der Akkretionswärme zunächst einmal flüssig war und dass Schwermetalle deshalb bevorzugt in Richtung Mitte sedimentierten. Deswegen haben wir an der Erdoberfläche so viele Silicatgesteine und relativ wenig Platin.

Die viel kleineren Asteroiden kühlten schneller aus und entmischten sich nicht. Deshalb findet sich alles, was bei ihrer Entstehung an Schwer- und Edelmetallen zur Verfügung stand, schön bequem direkt an der Oberfläche, womöglich um etliche Größenordnungen konzentrierter als an der Erdoberfläche.

Die Firma Planetary Resources, gegründet von dem verhinderten Astronauten Eric Anderson, will nun mithilfe von milliardenschweren Investoren Edelmetalle aus Asteroiden abbauen und zur Erde zurückbringen. Die Rede ist vor allem von Platin – vermutlich weil jeder weiß, dass das schrecklich teuer ist. Ob es immer noch so wertvoll ist, wenn es erst einmal im Tonnenmaßstab aus dem Weltraum eingeführt wird, ist eine andere Frage. Spaniens Traum vom unermesslichen Reichtum durch großtechnisches Entwenden von Inka-Gold hat ja seinerzeit auch nicht so gut funktioniert.

Mir kommt die Option, die Rohstoffe der Asteroiden zur Erde zurückzubringen, zu altmodisch und uninspiriert vor. Die Rohstoffe, die im Weltraum gefunden werden, sollten wir auch im Weltraum nutzen, zum Beispiel für eine permanente Forschungsstation auf dem Mars. Schließlich ist das Teuerste an der Weltraumreiserei die Energie, die man braucht, um der Erde zu entkommen, also sind Rohstoffe im Weltraum viel mehr wert als hier unten. Und der wertvollste der Rohstoffe aus den Asteroiden ist in diesem Szenario vermutlich nicht Platin – es könnte Eisen sein, oder sogar Wasser.

Neon auf dem Mond

In der Nacht vom 27. auf den 28. September 2015 konnten Nachtschwärmer und Astronominnen beiderseits des Atlantiks nicht nur einen der Erde besonders nahe stehenden, sogenannten Supervollmond beobachten, sondern auch die nur alle paar Jahrzehnte stattfindende Verdunkelung desselben, sozusagen eine Supermondfinsternis.

Auch wenn der Mond nicht super, sondern nur ganz normal am Himmel steht, schauen wir gerne und bewundernd zu ihm auf und sinnieren – je nach Temperament – über Himmelskörper, Gezeiten oder Werwölfe, oder darüber, was auf der anderen Seite sein mag, die der Trabant uns hartnäckig verbirgt.

Verborgen blieb bis vor Kurzem auch die Zusammensetzung der Atmosphäre unseres ständigen Begleiters. Diese ist um 14 Zehnerpotenzen dünner als unsere Atmosphäre auf Meeresniveau. Deshalb bezeichnet die Fachliteratur sie oft als eine Exosphäre – ebenso wie die vergleichbar dünne alleräußerste Schicht der irdischen Atmosphäre. Da der Gasschleier so extrem dünn ist, besteht auch die Gefahr, dass von der Erde entsandte Vehikel mit all ihren gefälschten Emissionstests seine Zusammensetzung in Nullkommanichts dramatisch verändern könnten – auf einen Schlag würde die Exosphäre dann überwiegend aus NO_x und Feinstaub bestehen. (Nicht aufregen, das war jetzt nur ein Witz – da auf dem Mond der Sauerstoff fehlt, um Verbrennungsmotoren zu betreiben, ist er vor dieser Art der Luftverschmutzung relativ sicher.)

Deshalb musste die NASA-Raumsonde LADEE (Lunar Atmosphere and Dust Environment Explorer) ganz dringend mit ihrem Massenspektrometer nachsehen, woraus dieses Beinahe-Vakuum denn nun wirklich besteht, in seinem natürlichen Zustand, bevor die ersten Touristen aufkreuzen. LADEE umkreiste den Mond und sammelte mehr als drei Monate lang Daten über die Zusammensetzung der Exosphäre, von November 2013 bis zu ihrer geplanten Bruchlandung im April 2014.

Die Messungen fanden vor allem Edelgase: Helium, Neon und Argon, wobei Neon vorher zwar bereits vermutet, aber noch nicht nachgewiesen worden war. Diese Gase erreichen den Mond mit dem Sonnenwind und prallen von seiner Oberfläche ab, während weniger inerte Substanzen an die Oberfläche adsorbieren oder mit ihr reagieren.

Das Vorkommen von Neon auf dem Mond dürfte sofort das Interesse der Werbewirtschaft wecken – man stelle sich nur vor, eine Leuchtreklame, die jeweils von der Hälfte der Erdoberfläche gleichzeitig gesehen werden kann! All die sehnsuchtsvollen Blicke in mondhellen Nächten könnten endlich einer kommerziellen Nutzung zugeführt werden. Der ökonomisch nutzlose Silbermond der Poesie könnte endlich zu hartem Cash umgemünzt werden. Wenn das Edelgas schon da ist, müsste man nur noch die zugehörige Hardware zum Mond schießen bzw. vor Ort produzieren, oder etwa nicht?

Aus solchen Mondträumen dürfte allerdings vorerst nichts werden, denn die NASA versichert glaubhaft, dass die in der Atmosphäre gemessene Konzentration für Lumineszenzeffekte nicht ausreicht. Man müsste die bereits vorhandene Menge vor dem Abdriften in den Weltraum schützen und geduldig warten, dass der Sonnenwind noch zusätzliches Gas nachliefert. Das wäre also eher ein Langzeitprojekt.

Nicht ganz so abwegig ist vielleicht die Gewinnung von Helium auf dem Mond, da uns dieses Edelgas auf der Erde nur in knapp bemessenen Mengen zur Verfügung steht (siehe Abschnitt „Die Leichtigkeit des Partyballons"). Auf dem Mond entweicht Helium nicht nur (ebenso wie hier) aus Mineralien als Produkt radioaktiver Zerfallsreaktionen. Zusätzlich wird das Edelgas dort auch vom Sonnenwind in großzügigen Mengen nachgeliefert. Vielleicht könnte man auf dem Mond eine Falle aufstellen, die das Gas irreversibel einfängt. Je nachdem, wie sich Angebot und Nachfrage auf der Erde entwickeln, könnte eine Heliumsammelstelle eines Tages lukrativ werden oder zumindest die Kosten von Forschungsmissionen zu unserem Trabanten teilweise wieder einbringen.

Auch solche Projekte dürften noch in ferner Zukunft liegen. Bis es dazu kommt, können wir bei klarem Nachthimmel aus der Ferne bewundern, was wir hier unten schon lange nicht mehr besitzen: einen Himmelskörper, auf dem wir nur wenige Tonnen Müll hinterlassen haben (einige Raumsonden und ein Auto, das Nena schon besungen hat), dessen Atmosphäre wir aber bisher noch nicht messbar verschmutzt haben – auch wenn diese so dünn ist, dass wir nicht viel damit anfangen können.

E. T. aus dem 3-D-Drucker

Gibt es Leben auf anderen Planeten? Zumindest auf unserem Nachbarplaneten, dem Mars, vermutlich jetzt im Moment nicht, aber es kann durchaus zu früheren Zeiten welches gegeben haben (Plaxco und Groß 2012), und es könnte demnächst wieder welches dort auftauchen.

„Mein Gott! Sie leben schon unter uns…"

Landwirtschaft auf dem Mars ist nämlich gerade ein ganz heißes Thema. Während Matt Damon in dem Hollywood-Streifen *Der Marsianer – Rettet Mark Watney* mit innovativen Anbaumethoden seine Robinsonade auf dem roten Planeten durchstand, forschte die NASA bereits ganz im Ernst daran, wie sie dort Gemüse anbauen kann, damit zukünftige Forschungsreisende auch ihre täglichen Vitamine bekommen und nicht etwa an Skorbut erkranken.

Kyle Grant von der Universität Oxford ist ein echter irdischer Gärtner, der im Auftrag der NASA extraterrestrischen Gartenbau entwickelt und zum Beispiel unter simulierten Mars-Bedingungen Tomaten und Kartoffeln züchtet.

Die Besucher (oder Flüchtlinge?) von der Erde, die allerfrühestens in den 2030er- Jahren auf dem Mars landen werden, müssen aber nicht nur zu essen haben, sie brauchen auch Behausungen, Werkzeuge und alle möglichen Dinge, deren Transport quer durch das Sonnensystem buchstäblich astronomische Summen verschlingen würde.

Könnten sie die vor Ort benötigte Hardware vielleicht selbst herstellen? Die Arbeitsgruppe von Ramille Shah an der Northwestern University in Evanston im US-Bundesstaat Illinois hat jetzt einen Weg gefunden. Mit einem 3-D-Drucker, so konnte die Ingenieurin zeigen, lassen sich nicht nur irdische Materialien zu dreidimensionalen Objekten formen, sondern auch der Staub (Regolith), der auf den Oberflächen von Mond und Mars herumliegt (Jakus et al. 2017).

Mit simuliertem Mond- bzw. Marsstaub (ähnlich, aber subtil verschieden) produzierten Shah und ihre Mitarbeiter nützliche Objekte wie etwa Siebe, Schraubenschlüssel und Lego-Steine. Was braucht man mehr – sobald man genügend Lego-Steine auf dem Mars hat, kann man daraus alles andere bauen.

Der Schraubenschlüssel dürfte bisher noch keine extremen Belastungen aushalten, aber die Autoren versprechen uns, dass er sich durch Sintern härten lässt. Bis es dann wirklich so weit ist, dass die ersten Astronauten zum Mars aufbrechen, dürfte die in weiser Voraussicht frühzeitig geplante Technologie völlig ausgereift sein. Sie könnte eventuell sogar ein fundamentales Problem der Mars-Reisen lösen und eine Rakete für die Rückkehr bauen. Bisher konnten Expeditionen zum Mars nur als Einwegfahrschein konzipiert werden, aber wenn das mit dem Drucken gut funktioniert, kann man vielleicht auch ein Ticket für den Rückweg drucken.

Bei allem Respekt für den Optimismus von Frau Shah müssen wir uns aber doch fragen, ob der Ausflug zum Mars jemals stattfinden wird. Von dem Mars-One-Projekt, das vor einigen Jahren Mars-Siedler suchte, haben wir seitdem nicht mehr viel gehört. Der technische Fortschritt unserer Zivilisation kapriziert sich derzeit vor allem auf die Totalvernetzung und -robotisierung unseres Alltags, und die Vordenker im Silicon Valley haben erst viel zu spät gemerkt, dass sie damit auch schädlichen Kräften Werkzeuge an die Hand geben, etwa zur Verbreitung von gefälschten Nachrichten in den sozialen Netzwerken. Insgesamt scheinen wir uns im Lenin'schen Tanzschritt einen Schritt vorwärts und zwei Schritte zurück zu bewegen.

Mir würde deshalb eine andere Anwendung der innovativen Druckertechnik vorschweben. Wenn wir es schon nicht zum Mars schaffen, dann können wir den Mars einfach herholen bzw. hier in 3-D ausdrucken. Vielleicht nicht den ganzen Planeten, aber wir haben ja dank der überaus erfolgreichen und derzeit immer noch aktiven Mars-Rover detaillierte Kenntnis der chemischen Zusammensetzung und 3-D-Struktur von zahlreichen Steinen, die da so herumliegen. Wenn wir mit diesen ganzen Daten den interplanetaren Drucker füttern, können wir authentische Marslandschaften in erreichbarer Nähe erzeugen. Die Anreise zum Mars wird damit viel billiger und auch die Marslandwirtschaft deutlich einfacher.

Im nächsten Schritt, für alle, die noch größere Herausforderungen suchen, können wir dann auf der Grundlage von fernspektroskopischen Analysen des Lichts, das von extrasolaren Planeten reflektiert oder von ihrer Atmosphäre gefiltert wird, versuchen, ferne Welten zu drucken. Die ewige Frage nach der Existenz außerirdischen Lebens wird erst dann endgültig beantwortet sein, wenn E. T. aus dem 3-D-Drucker steigt.

Literatur

Audo M et al (2015) Subcritical hydrothermal liquefaction of microalgae residues as a green route to alternative road binders. ACS Sustain Chem Eng 3:583–590

Baker N, Lu H, Erlikhman G, Kellman PJ (2018) Deep convolutional networks do not classify based on global object shape. PLoS Comput Biol 14:e1006613

Borchard-Tuch C, Groß M (2002) Was Biotronik alles kann: Blind sehen, gehörlos hören …, Wiley-VCH, Weinheim.

Denawaka CJ, Fowlis IA, Dean JR (2016) Source, impact and removal of malodour from soiled clothing. J Chromatogr A 1438:216–225

Groß M (1994) Expeditionen in den Nanokosmos. Die technologische Revolution im Zellmaßstab. Birkhäuser, Basel

Groß M (2012) Von Geckos, Garn und Goldwasser: Die Nanowelt lässt grüßen. Wiley-VCH, Weinheim

Jakus AE, Koube KD, Geisendorfer NR, Shah RN (2017) Robust and elastic lunar and martian structures from 3d-printed regolith inks. Sci Rep 7:44931

Lloyd S (2012) Quantum Procrastination. Science 338:621–622

Plaxco KW, Groß M (2012) Astrobiologie für Einsteiger. Wiley-VCH, Weinheim

Reed RB et al (2016) Potential environmental impacts and antimicrobial efficacy of silver- and nanosilver-containing textiles. Environ Sci Technol 50:4018–4026

Rickett J (2008) How to avoid huge ships and other implausibly titled books. Aurum Press, London

von Baeyer HC (2013) Eine neue Quantentheorie. Spektrum Wiss 11:46–51

Wheeler JA, (1978) The ‚Past' and the ‚Delayed-Choice Double-Slit Experiment'. In: Marlow AR (Hrsg) *Mathematical foundations of quantum theory*, Academic Press, Cambridge, Massachusetts, S 9–48

Zhang F, Yan H (2017) DNA self-assembly scaled up. Nature 552:34–35

5

Alice hinter den Zerrspiegeln der Medienwelt

Wissenschaftliche Wahrheiten und Kuriositäten zu erkunden ist nur die halbe Arbeit – diese wichtigen (oder nicht ganz so wichtigen) Errungenschaften müssen wir dann auch noch dem Rest der Welt nahebringen. Im letzten Kapitel geht es deshalb darum, wie die Wissenschaft in der Öffentlichkeit ankommt, wie sie über diverse Kanäle von Wissenschaftsjahren bis hin zu Tanzvorführungen und Kinofilmen vermittelt wird, und wie sie bewertet und rezipiert wird. Und wie ChemikerInnen in der Öffentlichkeit wahrgenommen werden. Manche steigen sogar zu höchsten Positionen auf. Am Schluss schlägt die Wissenschaft dann zurück und analysiert die Exhalationen des Kinopublikums sowie das Strömungsverhalten der tumben Menschenmassen.

M. Groß, *Tabakschwärmer, Bücherwürmer und Turbo-Socken*,
https://doi.org/10.1007/978-3-662-59303-5_5

In 80 Feiern um die Welt

Der Zyklus der Wissenschaftsjahre funktioniert so ähnlich wie die chinesische Astrologie, und 2011 war mal wieder die Chemie dran. Für 2019 gab es hingegen ein cleveres Ausweichmanöver mit dem Jahr des Periodensystems, das sogar einen runden Geburtstag hatte, und darüber habe ich mich noch nicht einmal lustig gemacht. Hier die Anmerkungen zu den Feierlichkeiten vom vorigen Mal (alle erwähnten Veranstaltungen sind leider schon vorbei, aber keine Angst, das nächste Chemie-Jahr kommt bestimmt!):

Phileas Fogg II. führt auf seiner chemischen Weltreise in 80 Tagen in Afrika ein Fachgespräch über die Chemie der lokal eingesetzten Dünger

Das Jahr der Chemie. „Schon wieder?" – höre ich aus der letzten Reihe. „Hatten wir nicht erst 2003 das Jahr der Chemie?" Nun, wir haben auch seit Februar das Jahr des Hasen im chinesischen Kalender, und das kommt auch alle 12 Jahre wieder, warum also nicht alle acht Jahre ein Jahr der Chemie? Doch der feine Unterschied zwischen 2011 und 2003 ist der, dass vor acht Jahren die Chemie nur in deutschen Landen gefeiert wurde, während dieses Mal die ganze Welt mitmacht.

Natürlich bieten die Gesellschaft Deutscher Chemiker und andere mitwirkende Organisationen etliche Veranstaltungen ganz in Ihrer Nähe an, wo Sie Ihre Begeisterung für alles Chemische austoben und mit anderen teilen können. Doch das internationale Jahr der Chemie gibt uns darüber hinaus die Chance, zumindest in Gedanken, einmal rund um den Globus zu reisen und nachzuschauen, wie man in fernen Ländern feiert.

Ebenso wie Phileas Fogg und sein treuer Diener Passepartout in Jules Vernes Roman *In 80 Tagen um die Welt* wollen wir am Greenwich-Meridian beginnen und in Richtung Osten reisen. Von London nehmen wir den Eurostar nach Paris, wo man dieses Jahr ganz besonders heftig feiert, da ja die Verleihung des Chemie-Nobelpreises 1911 an Marie Curie einer der Anlässe des internationalen Chemie-Jahrs 2011 war.

Weiter geht's nach Zürich, wo man das Jahr der Chemie auf einen einzigen Tag komprimiert hat. Genauer gesagt ist der 18. Juni der Tag der Chemie an der ETH auf dem Hönggerberg.

Die Förderung des Nachwuchses ist ja eines der wichtigsten Anliegen bei solchen Wissenschaftsfeiern. Dementsprechend widmet man sich in Istanbul auch der Exzellenz in der Bildung und insbesondere der Begabung, Kreativität und Entwicklung. Und das alles in nur vier Tagen, vom 6. bis zum 9. Juli.

In Indien fängt man wirklich ganz von vorne an. „Creating awareness of the need to celebrate chemistry" heißt die Veranstaltung am National Institute of Technology in Karnataka, die wir am 19. Februar leider schon verpasst haben. Hoffentlich hat es geklappt, und das Bewusstsein der Notwendigkeit ist jetzt sozusagen in die Matrix des globalen Zeitgeists eingeflochten.

In Thailand denkt man hingegen an die Zukunft, dort diskutiert man im Rahmen des 14. Asiatischen Chemie-Kongresses, der vom 5. bis 8. September in Bangkok stattfindet, das Thema: Contemporary Chemistry for Sustainability and Economic Sufficiency.

Ganz Australien veranstaltet am 28. Juli ein Wissenschaftsquiz unter dem Motto: Chemie ist für alle da. Für alle, und insbesondere auch für die lieben Kleinen, denn in Tokio gibt es am 29.–31. Juli eine Experimentalshow extra für Kinder. Ebendort haben wir am 5. Februar bereits Wakuwaku Rika Jikken Kyousitsu verpasst, also einen Kurs mit aufregenden wissenschaftlichen Experimenten.

Wenn wir im Sinne von Phileas Fogg und Passepartout den Pazifik per Schiff überqueren, können wir es bis zum November nach Peru schaffen. In Lima findet nämlich vom 15. bis zum 18. ein internationaler Jugendkongress der Chemie statt. Aber ob man uns Grufties da hereinlässt?

Kreativ geht es fast das ganze Chemie-Jahr lang in Philadelphia zu, dort ist noch bis zum 9. Dezember die Ausstellung „Artists Imagine Chemistry" zu besichtigen (Chemical Heritage Foundation). Am selben Ort gab es auch einen Vortrag mit dem verlockenden Titel: "The Frog, the Ox, and the Hanged Man: Giovanni Aldini and the Popular Uses of Galvanism in Britain, 1802–1803."

Nehmen wir den Dampfer über den Atlantik und landen wir in Barcelona, wo man das Angenehme mit dem

Nützlichen zu verbinden weiß. Dort wurde das Jahr der Chemie im Februar mit einem Networking-Frühstück eröffnet.

Kurz vor Erreichen des nullten Längengrads wollen wir noch in Nottingham Station machen, wo man sich auf jeden Fall auf die Kunst versteht, einen ansprechenden Veranstaltungstitel zu formulieren. Den Vortrag "How To Form Chemical Bonds and Build Molecules" können Sie am 14. April noch erwischen, und die tiefgründigen „Reflections on the Surface of Reality“ finden dann am 8. September statt.

Ich wünsche in dem laufenden und in allen weiteren Wissenschaftsjahren weiterhin viel Spaß beim Feiern!

Dornröschen wachgeküsst

Bevor Facebook mit dem „Gefällt mir“-Knopf ein Sechstel der Weltbevölkerung süchtig nach schneller Anerkennung machte, kannte der Wissenschaftsbetrieb bereits eine ähnliche Droge: die Zitierung. Erst wenn eine wissenschaftliche Arbeit sich schwarz auf weiß am Fußende einer späteren Veröffentlichung widerspiegelt, können die Autorinnen und Autoren sicher sein, dass sich der Fleiß ausgezahlt hat und ihr Opus nicht gleich nach Erscheinen dem Vergessen anheimfällt.

Rund die Hälfte aller Publikationen wird nie zitiert, aber für die glücklichere Hälfte folgt auf das erste Quantum Trost oft auch das zweite und noch einige weitere. Hier tritt ein gewisser Selbstverstärkungseffekt ein, da jede Zitierung auch für das zitierte Paper Werbung macht – was allerdings nur hilft, wenn die zitierende Arbeit nicht zu denen gehört, die sowieso niemand liest. Es steht also zu erwarten, dass die Häufigkeit der Zitierungen pro Zeiteinheit in den ersten Jahren erst einmal zunimmt, bis dann die Wissenschaft zu anderen Themen und Paradigmen weiterzieht und selbst für oft zitierte Publikationen die Kurve exponentiell abklingt wie ein Radionuklid.

Aber was ist, wenn Ihr bedeutender Beitrag zum Wissen der Menschheit unerkannt bleibt und mit nur einigen wenigen Zitierungen vor sich hin dümpelt? Geben Sie die Hoffnung nicht auf – ebenso wie van Goghs Gemälde und Bizets Oper *Carmen* erst postum zu Weltruhm kamen, gibt es auch in der Wissenschaft einen Dornröscheneffekt: Publikationen, die hinter wuchernden Dornenhecken schlummern, bis ein edler Prinz sie heraushaut und wachküsst.

Berühmte Beispiele sind Gregor Mendels Erbsenzählerei und das Einstein-Podolsky-Rosen-Paradoxon, das 1935 veröffentlicht wurde und erst ab 1994 Tausende von Zitierungen einheimste. Aber handelt es sich hier um seltene Ausnahmen, oder gibt es vielleicht viele Dornröschen, von denen etliche noch auf ihren Prinzen warten?

Um eine möglichst allgemeingültige Beschreibung des Phänomens zu ermöglichen, die nicht von willkürlich gewählten Schwellenwerten abhängt (zum Beispiel Dauer des Schlafs, Heftigkeit des Erwachens), entwickelten Alessandro Flammini und Kollegen an der Indiana University in Bloomington eine neue bibliometrische Messgröße, die sie nach dem englischen Titel des Märchens, *Sleeping Beauty,* als Beauty-Index, kurz B, bezeichneten (Ke et al. 2015).

Im Gegensatz zu dem genial einfachen Hirsch-Index h (Hirsch 2005), der inzwischen weithin angewendet wird, ist die Schönheitszahl etwas komplizierter und nicht auf die Schnelle im Kopf auszurechnen. Im Prinzip beruht sie aber auf den Steigungsdreiecken zwischen dem Nullpunkt (Publikationsjahr) und der Kurve der Zitierungen pro Kalenderjahr. Erfolgt ein rasanter Anstieg nach langem Schlummer, so liegt ein großer Teil der Dreiecksfläche über der Zitatenkurve. Diese Fläche ergibt (durch Aufsummieren über die Jahre) den Schönheitswert. Eine besonders hohe Schönheit erlangt ein Paper also, wenn es möglichst steil aus dem Schlaf erwacht und vor dem Erwachen über viele Jahre möglichst wenige Zitierungen hatte.

Als sie diesen Algorithmus auf 22 Mio. Publikationen aus über 100 Jahren losließen, fanden die Forscher, dass die schläfrigen Schönheiten keine märchenhaften Ausnahmeerscheinungen sind, sondern Teil eines kontinuierlichen Spektrums, in dem jederzeit alles passieren kann, und das Phänomen findet sich auch quer durch alle Disziplinen der Wissenschaft.

Unter den 15 Spitzenreitern mit den höchsten Schönheitswerten fanden sich auch sieben Beiträge aus Chemie-Zeitschriften. Die Goldmedaille gewann Herbert Freundlich (1880–1941) mit einer Arbeit „Über die Adsorption in Lösungen" von 1906, die 2002 wachgeküsst wurde (Freundlich 1906); Silber ging an Hummers und Offeman (1958) für eine Methode zur Oxidation von Graphit, die erst ab 2007 Beachtung fand.

Wie kommen diese Artikel zu ihrem späten Ruhm? Freundlichs Adsorptionsisotherme findet neuerdings Anwendung in der Trinkwasserreinigung. In manchen Fällen mögen sie einfach ihrer Zeit voraus gewesen sein. Oft stellt sich ein Dornröscheneffekt auch ein, wenn eine Methode die Barriere zwischen zwei Disziplinen überspringt und in der neuen Heimat fruchtbarere Anwendungen findet.

Für die Förderer, die ihre Großzügigkeit von kurzfristigen Zitierungen, Impact Factor und Hirsch-Index abhängig machen, bedeuten diese Funde, dass sie vielleicht wichtige und zukunftsträchtige Forschung übersehen. Für die Forschenden, deren Werke noch im Schlummer liegen, heißt es, sie sollten die Hoffnung nie aufgeben.

Wir sind Papst

Ein wichtiges Element des Chemie-Studiums ist bekanntlich die ernsthaft und wiederholt vorgetragene Beteuerung des Lehrkörpers, dass ChemikerInnen alles werden können. Wir lernen, was die Welt im Innersten zusammenhält und wie man Probleme analysiert und dann löst, und damit sind wir natürlich für jede erdenkliche Aufgabe qualifiziert.

Früher, als alles noch besser war, gab es in den Chefetagen der chemischen Industrie praktisch nur Chemiker, habe ich mir sagen lassen. Es galt der legendäre Satz, den ein Hoechst-Vorstand auf die Frage nach der erwünschten Konfession des einzustellenden Betriebsgeistlichen geantwortet haben soll: „Egal – Hauptsache Chemiker!" Heute soll es sogar in den heiligen Hallen der chemischen Industrie jede Menge Chemie-Laien geben – darf man die eigentlich Muggel nennen, oder ist der Begriff gesetzlich geschützt? Im Gegenzug haben ChemikerInnen auch andere Bereiche erobert, immer mit der Ermunterung ihrer Professoren im Gedächtnis, dass sie zu allem befähigt sind.

Margaret Roberts studierte in Oxford Chemie und machte ihre Abschlussarbeit in der Röntgenkristallographie unter Dorothy Hodgkin. Während Hodgkin zu Ruhm und Ehre und einem Nobelpreis kam, geriet Roberts in schlechte Gesellschaft, heiratete einen Herrn Thatcher und wurde Premierministerin des Vereinigten Königreichs.

Xi Jinping studierte Chemie-Ingenieurwesen an der Tsinghua-Universität, promovierte dann aber in den Rechtswissenschaften und schlug die politische Laufbahn ein. Er wurde im März 2008 Vizepräsident von China, und seit dem 14. März 2013 ist er nun Präsident von 1,35 Mrd. Menschen.

Nahezu gleichzeitig, aber unabhängig von Xi stieg ein weiterer chemisch Vorbelasteter in eine neue Führungsrolle auf: Der argentinische Jesuit Jorge Mario Bergoglio wurde, wie Sie vielleicht den Medienberichten entnommen haben, Papst. Er steht nun 1,2 Mrd. Katholiken vor und nennt sich Franziskus. In seiner Jugend erwarb er einen Abschluss als Chemie-Techniker. Dann trat er in den Jesuitenorden ein und wandte sich vom rechten Weg der chemischen Erkenntnis ab. Aber immerhin besteht die Hoffnung, dass er sich an wichtige Dinge wie die Hauptsätze der Thermodynamik noch erinnern kann.

Wir sind also jetzt Papst. Nach Jahrhunderten des Misstrauens zwischen (Al)Chemie und Katholizismus gibt es Aussicht auf Versöhnung. Vielleicht werden jetzt endlich mehr Chemiker als Bischöfe berufen. Würde ja auch langsam Zeit.

Die Beziehung zwischen der Lehre von den Stoffumwandlungen und der vom wahren Glauben war ja zeitweise etwas problematisch. Diverse Päpste, darunter Johannes XXII. (1244–1334) versuchten, gegen Alchemisten vorzugehen, und etliche Pioniere der Wissenschaft fielen der Inquisition zum Opfer.

Auch in umgekehrter Richtung gab es Wechselwirkungen mit Todesfolge. Der am Standort eines Klosters ansässige Alchemist Basile Valentin soll die Rückstände seiner Schwermetallreaktionen den Schweinen verfüttert haben, die nichts dagegen hatten, doch als die Mönche die Schweine verspeisten, kam es zu tödlichen Reaktionen. Auf diese Weise, so eine gängige, aber nicht wissenschaftlich belegte Etymologie, soll das Element Antimon („anti-moine“) zu seinem Namen gekommen sein.

Wenn wir einen chemisch interessierten Vorgänger des Franziskus suchen, müssen wir schon bis zu Bonifatius VIII (1235–1303) zurückgehen, der offenbar gerne auch die neuesten Rezepte der Alchemie und Magie ausprobierte. Wie weit ihn seine wissenschaftliche Neugier trieb, ist allerdings nicht mehr so leicht zu ermitteln, da eine von seinen politischen Gegnern angezettelte Kampagne zur systematischen Ruinierung seines Andenkens ihm alle möglichen Vergehen andichtete.

Insofern sollten wir froh sein, dass heute, anders als zu Bonifatius' Zeiten, Fachwissen in Chemie nicht mehr als rufschädigend gilt. Im Gegenteil, es qualifiziert uns für die höchsten Aufgaben. Franziskus' Chef hätte sicher die Schöpfung auch nicht ohne Chemie-Kenntnisse in sechs Tagen auf die Beine stellen können.

Chemie nur für Jungen?

Marie Curie, Clara Immerwahr, Dorothy Hodgkin, Rosalind Franklin, Ada Yonath … das vorige Jahrhundert hat eine ganze Reihe erfolgreicher Chemikerinnen hervorgebracht, von denen viele erst einmal massive Vorurteile der Gesellschaft überwinden mussten, um sich überhaupt mit Chemie befassen zu dürfen. Doch jetzt, im 21. Jahrhundert, sind diese Vorurteile längst in Vergessenheit geraten, nicht wahr?

Nun, anscheinend konnten sie in einem hartnäckigen Widerstandsnest in Großbritannien allen Gleichberechtigungstendenzen trotzen und bis heute überleben. Sie manifestieren sich neuerdings an unerwarteten Stellen, zum Beispiel bei der Kategorisierung von Spielzeugen. Gleich drei große britische Handelsketten sind dafür unter Beschuss geraten, dass sie wissenschaftliche Waren, darunter

Chemie-Experimentierkästen als „Spielzeuge für Jungen“ kennzeichneten.

Der erste Fuß im Fettnäpfchen gehörte Marks & Spencer. Kurz vor Weihnachten 2013 machte die Kampagne „Let toys be toys“ (www.lettoysbetoys.org.uk) darauf aufmerksam, dass in M&S-Filialen alle wissenschaftlichen Spielzeuge als „für Jungen“ gekennzeichnet waren. Darunter befand sich auch die gesamte Produktpalette des Londoner Science Museum – dort war man über diese Halbierung der Zielgruppe auch nicht beglückt. Die Kette reagierte prompt und entfernte die meisten beanstandeten Kennzeichnungen, aber die Konkurrenten hatten offenbar nicht aufgepasst.

Die Drogeriekette Boots machte sich weiterhin desselben Vergehens schuldig, was insofern ironisch ist, als der Firmengründer John Boot Mitte des 19. Jahrhunderts seine Karriere damit begann, Heilkräuter aus der Produktion seiner Mutter zu verkaufen. Nach seinem frühen Tod führte seine Witwe die Firma weiter, die sie dann dem gemeinsamen Sohn Jesse Boot übergab. Die Gründerinnen wären wohl auch nicht damit einverstanden, dass unter ihrem Namen Chemie-Kästen als Jungensache gekennzeichnet werden. Erst nachdem sich die Verbrauchersendung BBC Watchdog der Sache annahm, zog Boots die Kennzeichnung zurück.

Der Wachhund hatte aber offenbar nicht laut genug gebellt, um den größten Dinosaurier des Einzelhandels auf den britischen Inseln aufzuwecken. Jedes siebente im Vereinigten Königreich ausgegebene Pfund, so lautet die Faustregel, klingelt in den Kassen von Tesco. Und bis vor Kurzem konnte man auf der Website TESCO Direct Chemie-Experimentierkästen bestellen, die, Sie haben es erraten, nur für Jungen sind.

Eine erzürnte Chemikerin schrieb einen vor Sarkasmus tropfenden offenen Brief an die Firma und erhielt zur Antwort, dass die Kategorisierung lediglich die Gewohnheiten und Wünsche der Kunden reflektiere. Erst nach breiterer Medienaufmerksamkeit machte Tesco einen Rückzieher und änderte die Kennzeichnung des Chemie-Kastens. Bei anderen Spielzeugen, etwa Meccano-Baukästen, hingegen blieb die Firma bei der geschlechtsspezifischen Markierung.

Spielzeugküchen hingegen sind immer noch als Mädchenkram gekennzeichnet – auch wenn die Mädchen vielleicht lieber im Labor kochen wollen als in der Küche und manche Jungen vielleicht den Chefkochs im Fernsehen nacheifern wollen. Notfalls kann man in einem Lebenslauf auch beides unterbringen, wie meine Großmutter, Jahrgang 1908, die sich von gesellschaftlichen Vorurteilen nicht abhalten ließ, Chemie, Biologie und Physik bis zum Staatsexamen zu studieren, aber letztendlich doch überwiegend in Haus und Garten wirkte.

Vor 100 Jahren, als sie in die Schule kam, wäre diese eingrenzende Kennzeichnung natürlich ganz normal gewesen. Vor 40 Jahren hätten derartige Verfehlungen in der Bundesrepublik Alice Schwarzer und ihre *Emma* auf den Plan gerufen (in Großbritannien vielleicht Germaine Greer oder Spare Rib). Aber im 21. Jahrhundert? Allein der Umstand, dass solche Dinge heute überhaupt noch angesprochen werden müssen und dass die betroffenen Firmen sich erst nach Mediendruck einsichtig zeigten, legt nahe, dass der Fortschritt sich nicht unbedingt immer nach vorne bewegt.

Tanz deine Doktorarbeit

Moleküle sind ja immer in Bewegung. Sie hüpfen herum, sie winden und schütteln sich. Genau wie Menschen, wenn sie versuchen, zu tanzen. Mehr als einmal habe ich in meinen Traktaten über Errungenschaften der modernen Wissenschaft zu Tanzmetaphern gegriffen, um zum Beispiel die Raman-Spektroskopie (Tanz der Moleküle) oder die Olefin-Metathese (Ringelpiez) verständlich zu machen.

„Der gute Fritz hat mit Hochdruck an seinem Ammoniaksynthese-Tango gearbeitet!"

Es liegt also nahe, chemische Forschung statt durch umständliche Formulierungen und Formeln durch Tanz zu vermitteln. Tänzerinnen und Tänzer können zum Beispiel Moleküle verschiedener Schattierungen repräsentieren, die sich durch unsichtbare Kräfte zueinander hingezogen fühlen – eine perfekte Verbindung von Kunst und Wissenschaft. Zumindest, solange es um einzelne oder wenige Moleküle geht. Molare Mengen an Menschen auf die Bühne zu bringen, dürfte problematisch werden, schließlich umfasst die Weltbevölkerung ja nur $1{,}2 \times 10^{-14}$ Mol.

Für alle, die sich inspiriert fühlen, ihre Rotations- und Schwingungsspektren durch eigene Rotationen und Schwingungen zu interpretieren, gibt es einen Wettbewerb namens „Dance your PhD“ (Tanze deine Doktorarbeit), der seit 2008 jedes Jahr von der Zeitschrift *Science* abgehalten wird. Ein bisschen peinlich scheint diese Sache den Kolleginnen und Kollegen bei der altehrwürdigen Wissenschaftszeitschrift schon zu sein, denn Informationen zum Wettbewerb findet man nur sehr gut versteckt auf dem Blog eines freien Mitarbeiters, John Bohannon, sowie bei den Videos von siegreichen Beiträgen auf YouTube. Eine eigene Webpräsenz mit gebührender Ehrung der Sieger hat der Wettbewerb offenbar nicht.

Gegründet wurde das wissenschaftliche Wetttanzen ursprünglich als Vorprogramm zu einer wissenschaftlich-musikalischen Veranstaltung, die Anfang 2008 in Wien stattfand. Der Doktorand der Molekularbiologie Christoph Campregher, bei Nacht bekannt als DJ Trockenmoos, hatte einen Set ausschließlich aus Laborklängen zusammengemischt, und da ergab sich die Ausweitung auf die tänzerische Darstellung der Forschung ganz natürlich.

In den folgenden Jahren ging man allerdings dazu über, die Tänze nicht live aufführen, sondern als Videos einsenden zu lassen. Es wurden immer mehr, sodass es inzwischen auch Fachkategorien gibt wie bei den Nobelpreisen und den mit dieser Veranstaltung vielleicht näher verwandten Ig-Nobelpreisen (siehe Abschnitt „Erst lachen, dann nachdenken: Ignoble Höhepunkte der Chemie“). Die Jury wählt Sieger in Physik, Chemie, Biologie und Sozialwissenschaften sowie einen Gesamtsieger, und das Onlinepublikum darf zusätzlich einen Publikumsliebling wählen.

Die Tanztechniken reichen von Disco bis Avantgarde. Die Siegerin von 2010, Maureen McKeague, ließ die gesamte Laborbesatzung synchron mit den Hüften wackeln, was rein tänzerisch eher peinlich aussieht, aber das SELEX-Verfahren (Systematic Evolution of Ligands by Exponential Enrichment) zur Gewinnung von DNA-Aptameren erstaunlich gut erklärt. Am anderen Ende des Spektrums gibt es auch Aufführungen, die äußerst interessant aussehen, aber so geheimnisvoll bleiben, dass ich die zugehörige Doktorarbeit auch noch lesen müsste, um zu verstehen, worum es eigentlich ging.

Im Jahre 2012 gewann zum Beispiel der Australier Peter Liddicoat den Wettbewerb mit einem Tanz über Aluminiumlegierungen. Im Titel seiner Doktorarbeit liest sich das so: "The evolution of nanostructural architecture in 7000 series aluminium alloys during strengthening by age-hardening and severe plastic deformation" – doch das Tanzvideo hört auf den eingängigeren Namen: *A super-alloy is born.* Eine Superlegierung wird geboren.

Auch anderswo werden etwaige kulturelle Barrieren zwischen der Schwere der Wissenschaft und der Leichtigkeit des Tanzes derzeit gesprengt. Die ehrwürdige Rambert Dance Company in London arbeitet regelmäßig mit der Biologin Nicola Clayton von der Universität Cambridge zusammen, der sie den Ehrentitel „scientist in residence" verlieh (Gross 2011).

Und einmal erhielt ich auch eine Anfrage von einem noch nicht so bekannten Tanztheater aus London. Rhiannon Faith will mit ihrem Ensemble aus zwei Personen die Chemie der Liebe (siehe Abschnitt „Chemie der Liebe") auf die Bühne bringen. Da hüpfen die Hormone, und die Pheromone schwingen die Hüften.

Bild' Dir Dein Ergebnis!

Zahlenwerte laden oft zum Zweifeln ein. Ist dieses Maximum vielleicht nur ein Ausreißer, stimmt jene Nullstelle, und können wir uns über die dritte Dezimalstelle überhaupt noch sicher sein? Quantitative Messverfahren haben in vielen Gebieten Fortschritt gebracht, wo vorher nur eine qualitative Aussage möglich war, aber genau wegen der punktgenauen Exaktheit, die sie uns versprechen, sind wir stets geneigt, die Zahlen zu hinterfragen, auch und gerade dann, wenn sie zu einer ansprechenden Graphik verarbeitet wurden.

Diese Kritikfähigkeit kann aber schlagartig verschwinden, wenn die Ergebnisse gleich als Abbildungen der untersuchten Objekte daherkommen. Etwa als fluoreszenzmikroskopische Aufnahme von einer lebenden Zelle oder als Querschnitt durch ein denkendes Hirn, möglich dank der Kernspin-Tomographie. Was wir da sehen, ist ja ein Abbild der Wirklichkeit, also muss es ja stimmen – es sei denn, jemand hätte es absichtlich gefälscht. Oder etwa nicht?

Wenn wir so ein ansprechendes Bild von einem natürlichen Objekt betrachten, vergessen wir nur zu gerne, dass es das Resultat von höchst artifiziellen Bildgebungsverfahren ist, die in den meisten Fällen einfach eine sonst unüberschaubare Menge von Zahlen der Geographie des untersuchten Objekts zuordnen. Bei der funktionellen Kernspin-Tomographie wird zum Beispiel die Sauerstoffverteilung im Gehirn gemessen. Höhere Sauerstoffkonzentrationen deuten auf erhöhte Hirnaktivität hin. Alle Vorsichtsmaßnahmen, mit denen wir Zahlenergebnisse behandeln, sollten also auch für solche Bilder gelten, auch wenn sie noch so schön sind.

Hirnforscher Craig Bennett erreichte breite Aufmerksamkeit für dieses Problem, indem er ein ganz normales und selbstverständliches (wenn auch skurril anmutendes) Kontrollexperiment durchführte. Wie der *Spiegel* ausführlich und genüsslich berichtete, schob Bennett einen toten Lachs in seinen Kernspin-Tomographen und konfrontierte das Tier mit Bildern von Menschen in verschiedenen Emotionszuständen.

Bennett erhielt ein unerwartetes Ergebnis, das er folgerichtig im *Journal of Serendipitous and Unexpected Results* publizierte (Bennett et al. 2010). Sein Lachs zeigte nämlich durchaus Hirnsignale, die er als psychologisch relevante Ergebnisse hätte interpretieren können, wenn er nicht genau gewusst hätte, dass sein Proband zu psychologischen Reaktionen unfähig war. Schockierend war vor allem der zweite Teil von Bennetts Nachforschungen. Durch Literaturstudien fand er heraus, dass mehr als ein Viertel der in angesehenen Journalen publizierten Hirnstudien die nötigen Korrekturen und Kontrollen nicht verwendet hatten.

Demnach dürfte ein guter Teil der auch oft und gerne in der allgemeinen Presse weiter verbreiteten Studien darüber, welche Hirnregionen aktiv werden, wenn man beim Einparken an sein Schatzerl denkt, etwa genauso aussagekräftig sein wie die tomographischen Bilder von Bennetts Lachs.

Vorsicht ist zum Beispiel auch bei diagnostischen Verfahren geboten – nur weil ein Verfahren ein Bild von einem untersuchten Organ und nicht nur einen Zahlenwert ausspuckt, muss die suggerierte Information nicht unbedingt korrekt und relevant sein.

Es ist in gewisser Weise verständlich und natürlich, dass wir durch das, was wir „mit unseren eigenen Augen“ zu sehen glauben, leichter verführbar sind als durch

Informationen, die auf intellektuelleren Kanälen empfangen werden.

Andererseits sollte sich heute, da jeder seine Photos zuhause am Computer bearbeiten und manipulieren kann, doch auch die rationale Erkenntnis durchsetzen, dass ein Bild nicht immer recht hat. Es sagt zwar vielleicht mehr als tausend Worte, doch womöglich enthält es nicht mehr nützliche Information als die Tageszeitung gleichen Namens.

Hauptsache, die Chemie stimmt

„Ich bin ein mickriger Verlierertyp – kann die Chemie mein Leben verbessern?" Eine solche Frage an den Kummerkasten einer drittklassigen Wartezimmerzeitschrift mag die Entstehung des Films *Hauptsache die Chemie stimmt* (Originaltitel: *Better living through chemistry*) inspiriert haben. Zumindest würde diese Entstehungsgeschichte das von den meisten Kritikern mit Kopfschütteln bedachte *voiceover* von Jane Fonda erklären (deutsche Stimme aus dem Off: Judy Winter). Sie ist einfach die Postillenratgeberin, deren Antwort etwas zu lang ausgefallen ist.

Also, versuchen wir einmal, die Antwort etwas kürzer zusammenzufassen. Um für dieses hypothetische soziale Experiment genügend Wirkstoffe zur Verfügung zu haben, vertrauten die Filmemacher Geoff Moore und David Posamentier, die gemeinsam die schwere Verantwortung für Drehbuch und Regie übernahmen, ihrem glücklosen Protagonisten eine Kleinstadtapotheke an. Zunächst weiß er mit dieser verantwortungsvollen Position nicht viel anzufangen und erfreut sich nur im Stillen an den intimen Informationen, die er nun über seine MitbürgerInnen sammeln kann.

Bei einer abendlichen Lieferung stößt er aber auf eine sehr konventionell attraktive Frau, die ihren erheirateten Reichtum mit chronischer Langeweile bezahlt hat (Olivia Wilde, die auch als Ärztin bei *Dr. House* zu sehen war). Sie kommt auf die Idee, dem öden Apotheker, der für alle Leute eine Lösung parat hat, außer für sich selbst, auf die Sprünge zu helfen. Sie bringt ihn mit den Wirkstoffen in seinem Regal zur Reaktion und damit ein wenig Schwung in sein Leben und in den Kleinstadtalltag. Jedwede Originalität wird dabei strikt vermieden – als Beispiel für sportliche Leistungssteigerung durch Doping dient natürlich der Radsport, und selbst vor einem Wortspiel mit dem Namen Armstrong schreckten die Autoren nicht zurück.

Das Liebesleben wird aufgepeppt und die Stimmung aufgehellt. Die Haare unseres Helden, die vorher schlaff herumhingen, ragen plötzlich steil gen Himmel. Der mickrige Apotheker verschafft sich Respekt bei seiner Ehefrau und seinem Sohn und klettert von der untersten Stufe der sozialen Hackordnung zu einer höheren, wo er nur noch den Inspektor fürchten muss, der seine Geschäfte kontrollieren kommt. Um ihren beschwingten Lebensstil in Zukunft mit mehr Freiheit fortsetzen zu können, heckt das chemisch verknüpfte Duo einen ganz unauffälligen Mordplan aus – nur eine kleine Dosisänderung. Aber an diesem Punkt bekamen die Filmemacher offenbar kalte Füße und kehrten auf das sichere Terrain der Harmlosigkeit zurück.

Verstörend wird der Film erst, wenn man sich anschaut, wer für seine Gesetzesübertretungen bestraft wird und wer ungeschoren davonkommt. Nach diesem moralischen Maßstab ist der großtechnische Missbrauch verschreibungspflichtiger Medikamente vollständig in Ordnung, gerne auch in Verbindung mit starken alkoholischen Getränken, aber der Hasch rauchende Gehilfe muss für seine Vergehen büßen und bekommt postum auch noch die Missetaten seines Chefs angehängt. Eine schöne Drogenmoral ist das.

Was also sollen wir aus dem Film lernen? Die Stimme aus dem Off und die schöne Verführerin wollen uns eintrichtern, dass es im Produktspektrum der Pharmaindustrie für jedes Problem eine Lösung gibt. Wenn der Apotheker sich an sein Berufsethos erinnert und auf Dosisbegrenzungen, Risiken und Nebenwirkungen aufmerksam macht, wird er dafür lächerlich gemacht.

Diese beschönigende Werbebotschaft brachte manche Kritiker auf die Idee, dass der ganze Film nur der Schleichwerbung für die erwähnten Medikamente dient. Aber vermutlich würde die Pharmabranche ihre treuen Verkäufer, die an vorderster Front ihre Produkte an den Mann und an die Frau bringen, nicht derart lächerlich machen und dann in Verruf bringen wollen. Bleibt als zwielichtige Moral von der Geschicht' festzuhalten: Schluck, was du kriegen kannst, aber lass dich nicht erwischen.

Ein Chemiker als Beinahe-Bond

In den *Nachrichten aus der Chemie* wurden in der Rubrik „Ausgefragt“ gelegentlich ChemikerInnen vorgestellt, welche die Welt der Moleküle ganz hinter sich gelassen haben und ihre Brötchen nun völlig unchemisch verdienen, etwa in der Politik oder auf anderen Bühnen. Ein besonders spektakuläres Beispiel liefert uns ein Chemiker, der leider nicht mehr zum Interview zur Verfügung steht und deshalb hier außerhalb der Reihe gewürdigt werden soll: der Hauptdarsteller in zahlreichen Agentenfilmen, darunter auch Hitchcocks vielleicht nicht ganz gelungenem Film *Topas,* Frederick Stafford.

Unser Protagonist kam 1928 in der Tschechoslowakei als Friedrich Strobel von Stein zur Welt und entwickelte sportliche Ambitionen, die allerdings nicht ganz für Olympia 1948 reichten. Bevor der Eiserne Vorhang fiel, emigrierte er nach Australien, wo er sich zunächst mit manueller Arbeit durchschlug und dann in der Pharmaindustrie landete, auch Chemie studierte und 1962 promovierte. Er erscheint um 1960 unter dem Namen Fred Strobl als Verkaufsleiter der Firma Distillers, die damals Contergan in Australien vertrieb. Der Rechtsanwalt Michael Magazanik, der erst vor Kurzem für australische Contergan-Opfer eine Entschädigung erstritt, wirft in einem Buch dem Management der Firma, einschließlich Strobl, vor, in jenen Jahren fünf Monate lang von den vermuteten Gefahren des Contergan gewusst und diese Bedenken gezielt verheimlicht zu haben, während die Firma das Produkt weiterhin aggressiv vermarktete (Magazanik 2015).

Anfang 1964, nachdem der Contergan-Skandal weltweit bekannt geworden war, ging Strobl auf Dienstreise nach Bangkok – vielleicht war es auch ein Urlaub oder gar Flucht? Dort lernte er die aus zahllosen Heimatfilmen der 1950er-Jahre bekannte Schauspielerin Marianne Hold kennen, die dort gerade *Die Diamantenhölle am Mekong* drehte. Sechs Tage später heirateten die beiden, wie das halt passiert im Leben. Im Dezember desselben Jahres kam ihr Sohn zur Welt.

In Bangkok lernte Strobl auch André Hunebelle kennen, den Regisseur der *Fantomas*-Filme, der dort einen seiner Filme um den Geheimagenten OSS117 drehte. Offenbar war er mit seinem Hauptdarsteller nicht glücklich, denn er fragte Strobl, ob er die Rolle übernehmen wolle. Getreu dem alten Sprichwort „Chemiker können alles" (siehe Abschnitt „Wir sind Papst") griff dieser zu. Unter dem Künstlernamen Frederick Stafford spielte er von da an Hauptrollen in zahllosen französisch-italienischen Spionage- und Kriegsfilmen, die Alfred Hitchcock auffielen, der ihn dann für seinen Agententhriller *Topas* anwarb. Dies wurde, nach Meinung mancher Hitchcock-Fans, der schlechteste seiner Filme und deshalb für Strobl/Stafford kein Sprungbrett nach Hollywood.

Stattdessen spielte er weiterhin Beinahe-Bond-Figuren in europäischen Filmen. Erst 1976 verabschiedete er sich aus der Filmbranche und wandte sich wieder der Geschäftswelt zu. Er kam allerdings bereits 1979 beim Absturz eines Privatflugzeugs ums Leben. Wer weiß, vielleicht hätte sonst ein Chemiker James Bond werden und in der Rubrik „Ausgefragt" erscheinen können.

Für die Anregung zu diesem Beitrag danken wir Unserem Mann in Hamburg, *Nachrichten*-Leser Dr. Karsten Strey.

Analytische Filmbewertung

Good Bye, Lenin! – Sie werden sich erinnern – verarbeitete die dramatischen Veränderungen nach dem Mauerfall in der Fiktion einer Frau, die nach der Wende aus dem Koma erwacht und von ihrer Familie in dem Glauben belassen wird, die DDR existiere weiterhin. Da die Welt sich immer schneller dreht und verändert, werden wir alle irgendwann den Punkt erreichen, wo wir einen solchen Service gebrauchen könnten.

Dieser zeithistorisch bedeutende und vielleicht sogar zukunftsweisende Film kam 2003 in die deutschen Kinosäle, und nach der Bewertung der Freiwilligen Selbst-Kontrolle (FSK) der deutschen Filmwirtschaft wurde er zur öffentlichen Vorführung in die Kategorie „Freigegeben ab 6 (sechs) Jahren" eingestuft. Sogar die Jungchemikerinnen, die gerade erst ihr Studium abgeschlossen haben, durften ihn also damals schon sehen.

Hier in Großbritannien kam der Film auch in die Kinos, aber das British Board of Film Classification (das übrigens erst 1984 das Wort Censors aus dem Namen entfernte und durch Classification ersetzte!) befand, dass Kinder ihn erst ab dem 15. Geburtstag sehen dürfen. Was für meinen Nachwuchs ganz konkret bedeutete, dass in deutschen Kinos alle Kinder den Film sehen durften, in britischen keines.

Eine Anfrage an das BBFC erbrachte eine ausführliche briefliche Auskunft mit der Begründung – anscheinend hatten die Gutachter in der Szene, wo Daniel Brühl das Westberliner Nachtleben erkundet, eine unbekleidete weibliche Brust erspäht. Und da es um Nachtclubs ging, war dies natürlich eine sexualisierte Entblößung und somit nicht jugendfrei – auch wenn es garantiert keine Kinder und Jugendlichen schockiert hätte.

Die Klassifizierung von Filmen, das haben wir aus dieser Episode gelernt, ist also keineswegs sehr wissenschaftlich und reproduzierbar, und sie kann zu den absurdesten Ergebnissen führen. Kann die Wissenschaft da nicht ein objektiveres Verfahren bereitstellen?

Ein Hoffnungsstrahl erreicht uns aus dem Max-Planck-Institut für Chemie in Mainz. Die Arbeitsgruppe des Atmosphärenchemikers Jonathan Williams hat nämlich ihre Massenspektrometer ins Kino mitgenommen und dort an die Belüftungsanlage angeschlossen (Stönner et al. 2018). Alle 30 s analysierten sie die Konzentration von 60 flüchtigen organischen Verbindungen in der Raumluft. Nach 135 Vorführungen von elf verschiedenen Filmen mit insgesamt 13.000 Zuschauern konnten die Mainzer in den atmosphärischen Veränderungen einen Trend erkennen.

Die meisten der 60 untersuchten Verbindungen, wie etwa das Kohlendioxid, das die Anwesenden ausatmen, reicherten sich einfach in der Raumluft an, ganz unabhängig davon, welcher Film gerade lief. Lediglich das Isopren (2-Methylbuta-1,3-dien), bekannt vor allem als Synthesebaustein der Terpene, erwies sich als Variable, die anzeigt, wie aufregend der Film ist. Je höher das FSK-Zertifikat, desto mehr Isopren fanden die Massenspektrometer in der Luft.

Isopren, so belehrt uns die Max-Planck-Gesellschaft, entsteht beim Stoffwechsel und wird im Muskelgewebe gespeichert. Wenn wir uns bewegen, wird es über den Blutkreislauf und die Atmung, aber auch über die Haut freigesetzt. Offenbar, so Williams, rutschen wir im Kinosessel unwillkürlich hin und her oder spannen Muskeln an, wenn wir nervös und aufgeregt sind.

Wenn es bei der Filmbewertung also allein um psychologische Belastung geht, dann könnte die Messung der Isoprenwerte bei einem Testpublikum möglicherweise einen objektiven Maßstab für dieselbe liefern. Wiliams will mit seiner Arbeitsgruppe weiter in dieser Richtung forschen und einen solchen chemischen Test entwickeln.

Vermutlich hat Williams, der sein Studium an der University of East Anglia in Norwich, England, absolvierte, dabei nicht an das BBFC gedacht. Dort ist nämlich die psychologische Belastung und das Herumrutschen auf dem Kinositz kein Thema. Die Gutachter halten eher Ausschau nach Dingen, die Kinder und Jugendliche nicht sehen sollen, wie etwa gewisse anatomische Einzelheiten und illegale Substanzen, sowie Wörter, die sie nicht hören dürfen. Die Kriterien der britischen Klassifizierer in chemische Analytik umzusetzen dürfte etwas schwieriger werden.

FakeCon 2020 – jetzt buchen!

Ein neues Jahr steht vor der Tür, und wieder stellt sich die uralte Frage – welche wissenschaftlichen Tagungen soll ich besuchen? Und in welcher attraktiven Stadt? Nun, ich war schon lange nicht mehr in Amsterdam, und da bietet sich zum Beispiel schon gleich im Mai an:

ICRBB 2020 International Conference on Red Biotechnology and Bioinformatics

ICIYB 2020 International Conference on Innovations in Yellow Biotechnology

ICABB 2020 International Conference on Analytical Biotechnology and Bioprocess

ICBBM 2020 International Conference on Biotechnology Biochemistry and Microbiology

ICIB 2020 International Conference on Insect Biotechnology

sowie weitere internationale Konferenzen im Bereich Biotechnologie, deren Abkürzungen alle mit IC anfangen. Merkwürdigerweise finden sie alle vom 14. bis 15. Mai in Amsterdam statt.

Und wer wie ich ein breites Fächerspektrum abdeckt, bekommt von demselben Veranstalter, immer noch am selben Ort und an denselben beiden Tagen, eine geradezu überwältigende Themenauswahl geboten. Neben den Konferenzen zur Biotechnologie gibt es auch noch 50 weitere Fachgebiete, von der chemischen Materialwissenschaft über Aerospace and Mechanical Engineering bis hin zu Urban and Civil Engineering. Wenn es in den anderen Gebieten jeweils 20 Konferenzen gibt, kommen schon 1000 zusammen. Hilfe, da kann ich mich ja gar nicht entscheiden!

Und falls es mich doch nicht so sehr nach Amsterdam zieht und ich vielleicht lieber etwas weiter reisen möchte, dann gibt es ähnliche Angebote für Melbourne, Bangkok, Phuket, Mumbai, Kuala Lumpur, Barcelona, Istanbul, Rom, Dubai, Sydney, Buenos Aires. London und Paris dürfen natürlich auch nicht fehlen.

Jetzt bin ich völlig verwirrt, und mir schwebt die Vision eines wildgewordenen Computers vor Augen, der eigenmächtig Konferenzen mit beliebigen Schlagwortkombinationen ankündigt. Also befrage ich lieber mal das Orakel unserer Zeit, nämlich Twitter. Die Antwort kommt umgehend, mit dem Link zu einem Erfahrungsbericht eines Teilnehmers einer solchen Konferenz.

Der bestätigt, dass die Veranstaltungen tatsächlich stattfinden, zumindest in dem Sinne, dass die Teilnehmer vor Ort einen Raum mit mehreren anderen Personen vorfinden, die sie dann mit ihrem Vortrag beglücken können. Der Haken an der Sache: Die anderen sind nicht unbedingt von derselben Fakultät oder für dasselbe Thema eingeschrieben. In dem beschriebenen Beispiel gab es eine „Plenarsitzung" mit einem Dutzend Gästen, von denen nur zwei ein gemeinsames Interessengebiet hatten. Die anderen waren queerbeet.

Die Vielzahl der auf engem Raum vereinten Konferenzen und Themen erklärt sich also ganz einfach damit, dass jeder Teilnehmer seine eigene Mikrokonferenz darstellt und praktisch nur für sich selbst vorträgt, da sich sonst niemand im Raum für sein Arbeitsgebiet interessiert. Als Parodie des normalen Konferenzbetriebs ist das geradezu genial. Aber ist es Betrug?

Der anonyme Autor des Erfahrungsberichts, der sich tatsächlich betrogen fühlte und vergeblich versucht hatte, seine Teilnahmegebühr zurückzufordern, schrieb eine große Zahl von E-Mail-Adressen an, die als Korrespondenz zu den Konferenzbeiträgen angegeben waren. Nur wenige antworteten, dass sie sich auch betrogen fühlten.

Der Verdacht liegt nahe, dass viele die Scheinkonferenzen bewusst benutzen, um einen Konferenzbeitrag in ihren Lebenslauf schreiben zu können und gleichzeitig auf Kosten ihrer Institution eine interessante Reise unternehmen zu können. In diesem Fall wären am Ende vielleicht nur die Steuerzahler oder die Firmen, die diese Ausflüge finanzieren, die Betrogenen.

Und die Wissenschaft kommt dadurch auch nicht weiter, da diese Konferenzen, ebenso wie die ähnlich geneigten Potemkinschen Journale Blödsinn ungeprüft akzeptieren, wie bereits mehrere Autoren mit sorgfältig konstruierten Unsinns-Abstracts experimentell belegen konnten. Dieser Trick erwischt ja auch immer mal wieder angeblich seriöse wissenschaftliche Zeitschriften auf dem falschen Fuß.

Wobei der Qualitätsstandard natürlich immer relativ ist. Ich kann nicht ausschließen, dass der eine oder andere Abstract meiner eigenen Forscherkarriere vielleicht einfach durchgewunken wurde. Aber wenn Konferenzen und damit auch Pluspunkte auf akademischen Lebensläufen im industriellen Maßstab gefälscht werden, da hört der Spaß dann doch auf.

Alles fließt

Am letzten Wochenende im Januar 2019 strömten in Frankreich wieder einmal zahlreiche Menschen zu diversen Massenkundgebungen. Eine komplette Ampel von Farbcodierungen half allen Protestierenden, die richtige Demo zu finden: Gelbe Westen für die Macron-Gegner, grüne für die Klimaschützer und rote Schals für den Protest gegen die Ausschreitungen der Gelbwesten.

Bei so viel Auftrieb ist es natürlich auch wichtig, die kollektive Bewegung der Menschenmenge zu verstehen. Wer das Strömungsverhalten falsch einschätzt, kann schlimmstenfalls eine Katastrophe wie die der Duisburger Love Parade von 2010 auslösen, bei der 21 Menschen umkamen. Auch die französischen Ordnungskräfte hatten diesen Winter ihre liebe Mühe, das Fließverhalten vor allem der gelb bewesteten Massen vorherzusagen und in unschädliche Bahnen zu lenken.

Dabei hätte ich ganz naiv vermutet, dass so überlebenswichtige Fragen bereits bis ins letzte Detail erforscht sind. Aber nein, die Simulation der Strömungsdynamik von Menschenmengen steht gerade erst am Anfang, berichten Nicolas Bain und Denis Bartolo (2019) von der Universität Lyon. Bisher, so die Forscher, habe man den Irrtum begangen, Menschenmengen als Summe von Individuen zu beschreiben. Das funktioniere bei Schwärmen von Vögeln und Fischen ganz gut, aber nicht unbedingt bei Menschen.

Also vergessen wir die Motive der Einzelnen und betrachten eine Menschenmenge einfach als zweidimensionale Flüssigkeit. Bain und Bartolo analysierten Filmaufnahmen von Massenstarts von Stadtmarathonläufen, wo Tausende in einem rechteckigen Bereich warten. Diese Menge hat normalerweise eine recht gleichmäßige Dichte und eine Vorzugsrichtung – die meisten sind der Startlinie zugewandt.

Insbesondere interessierten sich die Forscher für Impulse, die von den Ordnern ausgingen, die – zwecks Grenzverschiebung – durch einfaches Vormarschieren eine Welle in der Menge erzeugten. Diese Wellen breiteten sich streng nach den Regeln der Fluiddynamik aus. Von menschlichem Individualismus keine Spur. Das Strömungsverhalten der Massen war so vorhersagbar, dass die Forscher es in eine neue Variante der Navier-Stokes-Gleichung gießen konnten und die Parameter für andere Marathonläufe in anderen Städten vorhersagen konnten.

Gleichzeitig untersuchte auch die Arbeitsgruppe von Alexandre Nicolas an der Universität Paris-Süd das menschliche Fließverhalten (Nicolas et al. 2019). In diesem Fall wurden die Teilnehmer des Experiments in einen Kasten eingepfercht und von oben gefilmt, während ein zylindrischer Eindringling sich durch die Menge hindurchdrängelte. Wiederum beschreibt die Physik die Vorgänge adäquat als eine zweidimensionale Version der Experimente mit Kugeln und Fluiden. Motivationen der Einzelnen traten hier nur dann in Erscheinung, wenn der Eindringling im Blickfeld der Versuchspersonen erschien und diese vorsorglich auswichen.

Der irische Mathematiker George Gabriel Stokes (1819–1903) formulierte die Grundsätze der Fluiddynamik bereits in den 1840er-Jahren, zu Beginn seines langen Wirkens an der Universität Cambridge. Warum brauchte die Wissenschaft mehr als anderthalb Jahrhunderte, um diese auf Marathonläufer und Fahrgäste in der U-Bahn zu übertragen? Hat vielleicht die Vorstellung, der Mensch sei ein vernunftbegabtes Wesen, in diesem Bereich die Forschung zurückgehalten?

Literatur

Bain N, Bartolo D (2019) Dynamic response and hydrodynamics of polarized crowds. Science 363:46–49

Bennett CM, Baird AA, Miller MB, Wolford GL (2010) Neural correlates of interspecies perspective taking in the post-mortem atlantic salmon: an argument for proper multiple comparisons correction. JSUR 1:1–5

Freundlich HMF (1906) Über die Adsorption in Lösungen. Z Phys Chem 57(A):385

Gross M (2011) Dances with magpies. Curr Biol 21:R905–R907

Hirsch JE (2005) An index to quantify an individual's scientific research output. Proc Natl Acad Sci USA 102:16569–16572

Hummers WS, Offeman RE (1958) Preparation of graphitic oxide. J Am Chem Soc 80(13):9–1339

Ke Q, Ferrara E, Radicchi F, Flammini A (2015) Defining and identifying sleeping beauties in science. Proc Natl Acad Sci USA 112:7426–7431

Magazanik M (2015) Silent shock – the men behind the thalidomide scandal and an Australian family's long road to justice. Text Publishing Company, Melbourne

Nicolas A, Kuperman M, Ibañez S, Bouzat S, Appert-Rolland C (2019) Mechanical response of dense pedestrian crowds to the crossing of intruders. Sci Rep 9:105

Stönner C, Edtbauer A, Derstroff B, Bourtsoukidis E, Klüpfel T, Wicker J, Williams J (2018) Proof of concept study: testing human volatile organic compounds as tools for age classification of films. PLOS one 13:e0203044

Stichwortverzeichnis

M. Groß, *Tabakschwärmer, Bücherwürmer und Turbo-Socken*, https://doi.org/10.1007/978-3-662-59303-5

9783662593028